Fachtagung Bauwerksdiagnose (Bau-2024)

Berichtsband BB 181

Berlin, Germany
29 February – 1 March 2024

ISBN: 979-8-3313-1284-8

Printed from e-media with permission by:

Curran Associates, Inc.
57 Morehouse Lane
Red Hook, NY 12571

Some format issues inherent in the e-media version may also appear in this print version.

Deutsche Gesellschaft Fuer Zerstoerungsfreie Pruefung (DGZfP)
Max-Planck-Str. 6
12489 Berlin
Germany

Phone: +49 30 67807-0
Fax: +49 30 67807-109

mail@dgzfp.de

Additional copies of this publication are available from:

Curran Associates, Inc.
57 Morehouse Lane
Red Hook, NY 12571 USA
Phone: 845-758-0400
Fax: 845-758-2633
Email: curran@proceedings.com
Web: www.proceedings.com

TABLE OF CONTENTS

Schallemissionsanalyse in der Praxis

Christian SODEIKAT [1], Robin GROSCHUP [1]
[1] Ingenieurbüro Schiessl · Gehlen · Sodeikat GmbH, München
Kontakt E-Mail: sodeikat@ib-schiessl.de

Kurzfassung. Bei zahlreichen älteren Brücken ist die Spannbewehrung stark korrosionsgeschädigt oder spannungsrisskorrosionsgefährdet. Dies kann dazu führen, dass die Tragsicherheit unklar ist. Für einen sicheren weiteren Dauerbetrieb der Brücke oder eine temporäre weitere Nutzung bis zu einem Ersatzneubau ist dann eine Dauerüberwachung bzw. ein Monitoring erforderlich.
Dieses besteht in der Regel aus einer Integration verschiedener Messsysteme, welche den möglichen Schadensszenarien des jeweiligen Bauwerks und den daraus resultierenden Schadreaktionen anzupassen sind. Die Schallemissionsanalyse (SE) oder Acoustic Emission (AE) stellt dabei das einzige Verfahren dar, mit dem Spannstahlbrüche direkt detektiert werden können. Die Sensorik muss für jedes Bauwerk speziell geplant werden, hierzu empfehlen sich Vorversuche am Bauwerk.

1. Einführung

Brücken werden in Deutschland regelmäßigen Prüfungen nach DIN 1076 unterzogen. Diese 3-jährigen Prüfzyklen mit den eingesetzten Prüfverfahren reichen bei vielen älteren Brücken jedoch nicht aus, um den sicheren Betrieb zu gewährleisten. Besonders gefährdete Bauwerke müssen einer Dauerüberwachung unterzogen werden, um das Tragverhalten kontinuierlich zu überprüfen und zunehmende Schädigungen im zeitlichen Verlauf zu erfassen. Ferner sollen singuläre Ereignisse/Schädigungen erfasst werden, die auf ein Bauteilversagen, im schlimmsten Fall auf ein Bauwerksversagen, hindeuten bzw. dieses ankündigen.

Eine Dauerüberwachung besteht in der Regel aus unterschiedlichen Messverfahren, die in Kombination zu erfassen und auszuwerten sind. Häufig kombiniert werden z.B. Verformungsmessungen am Bauwerk, Temperaturmessungen (zur Kompensation der daraus resultierenden Verformungen), Dehnungsmessungen an Bauteilen (z.B. am Spannstahl), Schwingungsmessungen (zum Erfassen veränderlicher Steifigkeiten) und Messungen zur Detektion von Rissen (z.B. mit Glasfaseroptik). Bei Bauwerken, bei denen mit Spannstahlbrüchen zu rechnen ist, empfiehlt sich die gezielte Überwachung mit Schallsensorik. Mit dem Messverfahren der AE können Spannstahlbrüche detektiert und bei geeigneter Anordnung der Sensoren auch lokalisiert werden.

2. Einsatzgebiete der Schallemissionsanalyse an Brücken

Die SE bietet insbesondere bei folgenden Bauwerken bzw. Bauwerkssituationen gegenüber anderen Messmethoden entscheidende Vorteile, siehe auch [1, 2]. Weitergehende Informationen zur Installation und zum Betrieb können [3, 4, 5] entnommen werden.

2.1 *Spannungsrisskorrosionsempfindliche Spannstähle [1]*

AE stellt bei Bauwerken, die mit spannungsrisskorrosionsempfindlichen Spannstählen hergestellt wurden, das einzige Monitoringverfahren dar, mit dem Spannstahlbrüche kontinuierlich erfasst werden können. Das Versagen erfolgt schlagartig und verformungsarm (Sprödbruch). Korrosionsnarben und Anrisse an Spannstählen können auch in Hüllrohrabschnitten entstehen, welche ordnungsgemäß verpresst sind und keine erhöhten Chloridgehalte aufweisen. Mögliche Korrosionsursachen können z.B. sein:

- Vorkorrosion der Spanndrähte durch zu lange Verweilzeit der Drähte im Hüllrohr vor der Injektion des Einpressmörtels
- Vorkorrosion der Spanndrähte durch eingedrungenes Blutwasser aus dem Betoniervorgang
- Verpressfehler während der Injektion
- Entmischung des Einpressmörtels durch ungünstige hydraulische Verhältnisse im Hüllrohr
- Fehlerhafte Zusammensetzung des Einpressmörtels und infolgedessen Entmischung des Einpressmörtels.

2.2 *Spannstahlbrüche ohne Spannungsrisskorrosionsgefahr*

Spannstähle können bruchgefährdet sein, auch wenn die Stähle selbst nicht spannungsrisskorrosionsgefährdet sind. Über nicht funktionsfähige Abdichtungen und Übergangskonstruktionen, wasserführende Risse, Spritzwasser etc. können Tausalze bis zu den Hüllrohren und den Spannstählen gelangen und chloridinduzierte Korrosion auslösen. Je nach Riss- bzw. Kerbempfindlichkeit können bereits kleine Korrosionsnarben zum Reißen der Spannstähle führen [6].

2.3 *Entmischter Injektionsmörtel infolge hoher Verpressdrücke*

Eine hoch korrosive Umgebung innerhalb von Hüllrohren kann entstehen, wenn nicht sedimentationsstabile Verpressmörtel mit hohen Drücken eingepresst werden. Durch Entmischungen des Verpressmörtels entstehen Anreicherungen an Alkalien und damit verbunden sehr hohe pH-Werte. Durch eine gleichzeitige Absenkung des elektrochemischen Potentials durch Sauerstoffverarmung wird ein sehr korrosiver Bereich innerhalb des Pourbaix-Diagramms erreicht. Spannstähle können innerhalb weniger Monate und Jahre soweit geschädigt werden, dass sie reißen. Gefährdete Bauwerke sind z.B. Brücken und hohe Türme [7, 8].

2.4 *Unverpresste Hüllrohre*

In größeren Hohlräumen innerhalb von Spanngliedern oder im Bereich der Spannanker kann es durch die eingeschlossene Luftfeuchtigkeit und wechselnden Temperaturen zu einem zyklischen Tauwasseranfall kommen. Durch den Wasseranfall und durch aus dem Verpressmörtel gelöste und auf den Spannstählen abgelagerte Salze kann es zu einem starken Korrosionsangriff kommen [9].

2.5 Kompensation normativ geforderter Bauwerksprüfungen durch AE

Durch besondere konstruktive Randbedingungen kann es vorkommen, dass Bauwerke nicht nach den normativen Vorgaben nach DIN 1076 oder RIL 804, Module 804.8001 und 804.8002 Ril visuell überprüft werden können, z.B. weil die Bauwerksunterseite nicht mehr zugänglich ist. In diesen Fällen ist die fehlende Inspizierbarkeit durch ein Bauwerksmonitoring zu kompensieren, wobei AE ein Teilsystem sein kann.

2.6 Bauwerkskontrolle während Probebelastungen

Mit AE können Bauwerke während Probebelastungen überwacht werden. Je nach Randbedingungen sind z.B. Rissbildungen im Betonquerschnitt, Rissuferversätze und Spannstahlbrüche detektierbar [6].

2.7 Überwachung rechnerisch nicht nachweisbarer Bauwerke

Hier kann AE einen wichtigen Baustein für ein Gesamtmonitoring von Bauwerken darstellen, welche auch unter Anwendung fortgeschrittener tragwerksplanerischer Analysen nicht mehr ausreichend zuverlässig nachgewiesen werden können. Gelingt z.B. der rechnerische Nachweis Riss-vor-Bruch nach der Nachrechnungsrichtlinie nicht, kann eine zunehmende Schädigung des Bauwerks in Form von Spannstahlbrüchen durch AE im zeitlichen Verlauf erfasst werden.

2.8 Stahlbrücken und Stahlverbundbrücken

Mit AE kann an Stahlbrücken eine fortlaufende Rissbildung an Schweißnähten erfasst und überwacht werden.

3. Grundlagen des Messverfahrens Acoustic Emission

3.1 Schallwellenarten

Mit dem Messverfahren Acoustic Emission werden Schallemissionen (SE) gemessen, welche sich als elastische Wellen bei spontaner Energiefreisetzung in Festkörpern ausbreiten. In Festkörpern mit Oberflächen entstehen bei Schallereignissen folgende drei unterschiedliche Wellenarten, **Abb. 1** [10, 11]:

- Kompressionswelle oder Longitudinalwelle (p-Welle), Wellengeschwindigkeit in Beton rd. 3.500 – 4.500m/s
- Scherwelle (s-Welle); Wellengeschwindigkeit in Beton rd. 2.400 – 2.900m/s
- Oberflächenwelle (Rayleigh-Welle); Wellengeschwindigkeit in Beton rd. 2.200 – 2.600m/s

Für die Auswertung von AE Daten kann es dabei entscheidend sein, welche Wellenart das gemessene Signal dominiert. Zu beachten ist ferner, dass sich der Schall auch entlang des Bewehrungs- und Spannstahls ausbreitet und die Schallgeschwindigkeit mit 5.900 m/s (p-Welle) und 3200 m/s (s-Welle) in Stahl deutlich größer ist.

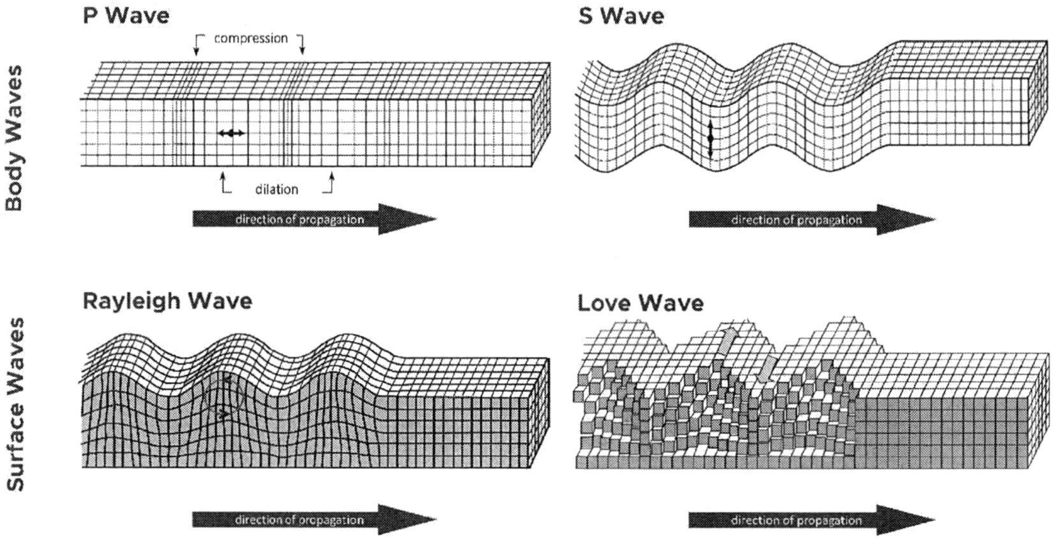

Abb.1: Unterschiedliche Wellenarten in Festkörpern. Abb. aus Wikipedia.

3.2 Schallquellen

Schallereignisse in Bauwerken können verschiedene Quellen haben und werden wie folgt eingeteilt:

Primäre Schallquellen [12]
Allgemeine Bruchereignisse, Spannstahlbrüche, Betonstahlbrüche, Rissentstehung im Beton oder Stahlbauteilen, Verbundversagen zwischen Bewehrung und Beton, Aufreißen von Schweißnähten

Sekundäre Schallquellen [12]
Reibung von Rissufern, Interaktion von Bewehrung und Beton, Reibung von Spannstahl in unverpressten Hüllrohren

Tertiäre Schallquellen [1]
Schallereignisse mit Ursprung außerhalb des Bauwerks, z.B. Arbeiten am Bauwerk (Ausführung von Bohrungen, Arbeiten mit mechanischen Hämmern etc.), Unfall- bzw. Anprallereignisse, Kratzen von Schaufeln von Schneeräumfahrzeugen an Fahrbahnoberflächen etc.

3.3 Sensorik

An Bauteiloberflächen entstehen durch Schallwellen Bewegungen senkrecht zur Bauteiloberfläche, welche i.d.R. von den piezoelektrischen Elementen der AE Sensoren aufgenommen und in elektrische Signale bzw. elektrische Spannungen umgewandelt werden.

AE Signale weisen ein breites Frequenzspektrum zwischen 10 und 200 kHz auf [10]. Die Stärke (Amplitude) der gemessenen Schallsignale umfasst viele Größenordnungen, weshalb der Auswahl der richtigen Sensoren entscheidend ist. Bei der Überwachung von Betonbauwerken werden üblicherweise Breitbandsensoren mit einem Frequenzbereich zwischen 20 kHz und 100 kHz und verwendet, exemplarisch dargestellt in Abb.2.

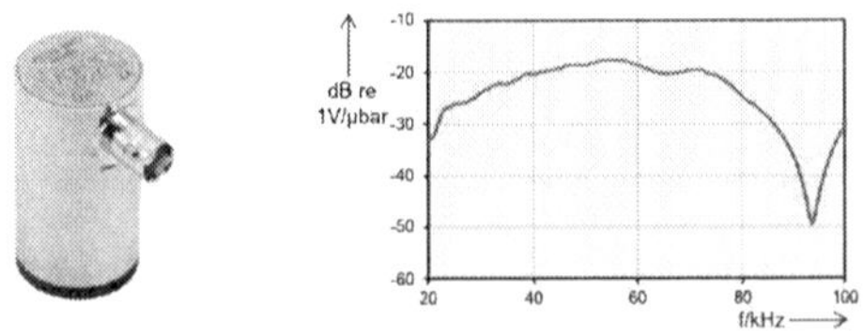

Abb.2: Exemplarischer Schallsensor mit Vorverstärkung und zugehörigem Frequenzspektrum, Abb. Fa. Vallen GmbH

Zur Überprüfung der Ankopplungsgüte der Sensoren ist es üblich, Bruchtests mit Bleistiftminen, sogenannte „PLB" (pencil-lead breaks nach DIN EN 13477-2:2010 [13]) durchzuführen. Hierzu werden mit einem Druckbleistift (dies entspricht einer sogenannten Hsu-Nielson Quelle: Mienenhärte 2H, Minendurchmesser 0,5 mm, genormter Distanzring zur Sicherstellung eines definierten Bruchwinkels) an jedem Sensor in einem Abstand von rd. 10 cm von der Sensormitte fünf Bleistiftminenbrüche erzeugt, welche von den Sensoren aufgezeichnet werden müssen. Nach [14] haben Zugrisse in Beton etwa die gleiche Größenordnung der Amplitude wie Bleistiftminenbrüche.

3.4 Datenaufzeichnung und -analyse

Ankommende Schallsignale bzw. die mechanischen Wellen werden mit AE Sensoren ununterbrochen aufgenommen und durch A/D-Wandler mit hohen Abtastraten von üblicherweise zwischen 25 ns und 100 ns in elektrische Signale umgesetzt. Diese Daten werden nicht alle gespeichert, da hierzu eine zu große Datenmenge gespeichert werden müsste.

Die AE unterscheidet zwischen kontinuierlicher Schallemission, dies kann ein permanentes akustisches Rauschen sein, Abb. 3, und sogenannten transienten Schallsignalen, Abb. 4. Transiente Signale haben einen zeitlich erkennbaren Anfang und Ende. Dieses Ereignis wird als auch „Hit" bezeichnet. Die Speicherung von AE Signalen erfolgt in zeitlichen Abschnitten, die Auslösung der Speicherung erfolgt über Triggerkriterien. Wird ein vorab eingestelltes Triggerkriterium erreicht, d.h. ein Schwellwert (threshold) überschritten, wird die Aufzeichnung begonnen und theoretisch nach Unterschreiten des Schwellwerts wieder beendet. Für die nachträgliche Interpretation des Schallereignisses sind sowohl Messwerte vor Erreichen des Schwellwerts als auch Messwerte danach erforderlich. Aus diesem Grund wird eine vorab auf Basis von Voruntersuchungen definierte Vorlauf- als auch Nachlaufzeit gespeichert.

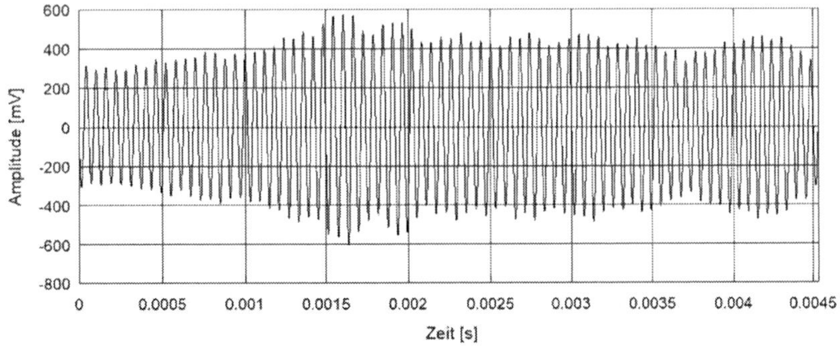

Abb.3: Kontinuierliches Schallsignal durch Arbeiten mit einer Bohrmaschine. Abb. aus [1]

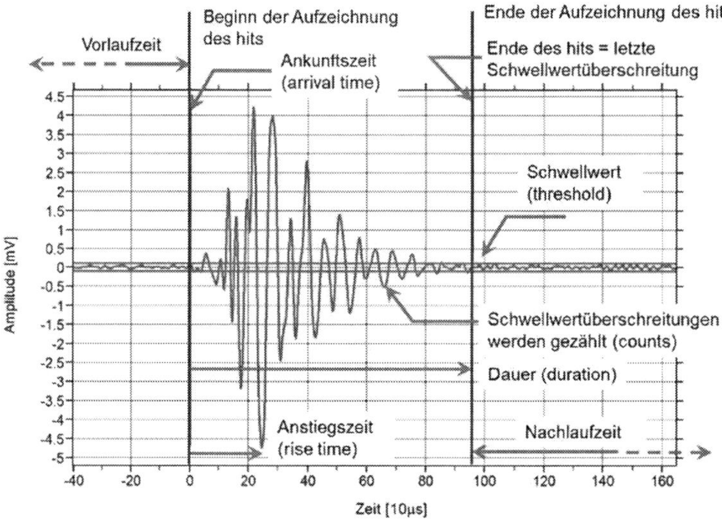

Abb.4: Schallsignal (Amplituden/Zeitverlauf) mit Darstellung der wesentlichen Schallparameter. Abb. aus [1]

Eine direkte signalbasierte Datenanalyse, bei der exakt nachgewiesen wird, wie welche Wellen entstanden sind, welche Wege sie genommen haben, wie sie gedämpft wurden etc. ist schwierig, die Rechenalgorithmen sind noch Gegenstand der Forschung. Der gravierende praktische Nachteil ist jedoch, dass die Berechnungen erst im Anschluss an die Messungen erfolgen können. Bruchereignisse, z.B. Spannstahlbrüche sollen in realen Bauwerken jedoch Alarmmeldungen in Echtzeit generieren, um ggf. schnell Maßnahmen einleiten zu können.

In der Dauerüberwachung von Bauwerken wird deshalb eine parameterbasierte Datenanalyse durchgeführt, wobei die Auswertung der Schallsignale in der Regel über die folgenden 5 Parameter erfolgt, Tab. 1:

Tabelle 1. Wesentliche Parameter bei der Auswertung von AE Signalen. Tabelle aus [1]

Parameter	Beschreibung
Counts [-]	Anzahl der positiven Schwellwertüberschreitungen
Amplitude [dB oder mV]	Relative Signalstärke dB = 20 log (Vsensor/1mV)
Energie [eu]	Gemessene Energie 1 eu = 10-18 Ws => 10-14 V²s
Risetime R [ms]	Anstiegszeit von Überschreitung Schwellwert bis Erreichen des Maximums
D Duration [ms]	Zeitdauer von Erreichen bis Unterschreiten des Schwellwerts

4. Feststellung von Bruchereignissen

Wird an einem Bauwerk über vorab eingestellte Triggerkriterien eine Alarmmeldung ausgelöst, welche auf ein Bruchereignis hindeutet, muss dieses Ereignis eingehend analysiert werden, um den Bruch zu bestätigen oder zu verwerfen. Das Vorgehen hierzu wird nachfolgend eingehender erläutert.

Eventbildung – Bestätigung eines lokalisierten Events

Ein Hauptkriterium bei der Bestätigung von Bruchereignissen stellt die sogenannte Event-Bildung dar. Bei sinnvoller Sensoranordnung wird ein Bruchsignal i.d.R. von mehreren

Sensoren detektiert. Die Signale werden dabei aufgezeichnet und bewertet wobei folgende Definitionen gelten:

- Hit: transientes Signal mit Anfang und Ende
- Event: Zuordnung mehrerer Hits zu einem Ereignis
- Event (LE): lokalisiertes Ereignis

Die Zuordnung zu einem Event bzw. einem Localised Event bedeutet, dass aufgrund der Analyse der Schallsignale nach den ermittelten Signalankunftszeiten bestätigt werden kann, dass alle an allen Sensoren ermittelten Schallsignale aus einer einzigen Schallquelle, dem Bruch kommen.

Typische Schallparameter
Ein Spannstahlbruch weist i.d.R. die folgenden Parameter auf, vgl. auch Abb. 4:

- Schallenergie/Amplitude => hoch
- Rise time => relativ kurz
- Duration => relativ kurz
- Counts => relativ wenige

Lokalisierung von Schallereignissen
Die Lokalisierung eines Ereignisses ist bei der Beurteilung, ob es sich bei einem Schallereignis um einen Bruch handelt, von maßgebender Bedeutung, nicht nur weil man bei der Anzeige eines Spannstahlbruchs wissen möchte wo, im besten Fall welcher Spannstahl gerissen ist.

Zur Lokalisierung ist der Einsatz mehrerer AE Sensoren erforderlich. Bei der Überwachung nur eines Spannglieds (1D-Fall) sind mindestens zwei AE Sensoren, bei der Überwachung von Spanngliedern in einer Ebene (2D-Fall; z.B. Detektion von Spanngliedern an der Brückenunterseite) mindestens 3 AE Sensoren, bei räumlicher Detektion mindesten vier AE Sensoren erforderlich. In letzterem Fall müssen die Sensoren allerdings räumlich verteilt sein. Dies ist an realen Bauwerken häufig nicht möglich. Die AE Sensoren sollten räumlich so verteilt angeordnet werden, dass potentielle Schallereignisse innerhalb des Sensornetzes auftreten, da dann die Lokalisierung am genauesten bzw. überhaupt erst möglich ist. Die Position der AE Sensoren ist genau einzumessen und in der Auswertesoftware einzugeben.

Die Lokalisierung der Schallquelle erfolgt über einen Rechenalgorithmus, unter Ansatz der unterschiedlichen Ankunftszeiten der aufgezeichneten Hits an den einzelnen AE Sensoren. Entscheidend hierbei ist, dass die aufgezeichneten Hits aus einem Schallereignis kommen. Die Hits werden dann zum Event zusammengefasst. Würden in einem Lokalisierungsprozess Hits aus verschiedenen Schallereignissen verwendet werden, würden sich unsinnige bzw. falsche Ergebnisse ergeben. Die Sensorhersteller verwenden zur Lokalisierung jeweils eigene Rechenalgorithmen, welche für den Anwender i.d.R. nicht einsehbar sind

5. Sensoranordnung, Dämpfung, Schallgeschwindigkeit

5.1 Grundlagen

Zur Feststellung von Bruchereignissen ist die Lokalisierung von entscheidender Bedeutung.

Die Lokalisierung wiederum ist maßgebend von der Sensoranordnung, der Dämpfung und der Schallgeschwindigkeit abhängig.

Die erforderliche Anzahl der eingesetzten AE Sensoren zur Lokalisierung von Schallereignissen wird bestimmt durch die Stärke der Schallquelle und der Signaldämpfung innerhalb des Schalllaufweges. Ein Großteil der Dämpfung der Signale ist geometrisch bedingt. Die in einer angenommenen Punktquelle freigesetzte Energie wird auf eine sich ausbreitende Wellenfront verteilt, ohne dass Energie verloren geht. Eine weitere Dämpfung erfolgt durch Streuung der Wellen und Absorption, wobei die Dämpfungsanteile durch Absorption sehr gering sind.

Die Dämpfung wird von der Bauteilgeometrie und dem konstruktiven Aufbau beeinflusst. Schallwellen werden entlang von Stahl weniger gedämpft als quer dazu, außerdem ist die Schallausbreitungsgeschwindigkeit entlang des Stahls schneller als in Beton. Dies ist bei der Bewertung der Ankunftszeiten der Schallereignisse an den einzelnen Sensoren zu berücksichtigen. Eine Übersicht von Einflussgrößen bei der Lokalisierung von Schallquellen ist [11]a zu entnehmen.

5.2 Bestimmung der Schallwege und Schalllaufzeiten an einer Eisenbahnbrücke

In einem Versuch an einer längs- und quervorgespannten Eisenbahnbrücke wurde die Ausbreitung der Schallwellen infolge Spannstahlbrüche untersucht. Die Brüche wurden künstlich an geöffneten Spanngliedern durch Anflexen hergestellt, Abb. 6. zeigt die Reihenfolge der ankommenden Schallsignale. Der Bruch wurde an einem Längsspannglied ausgelöst (in Abb. 7 horizontal verlaufend dargestellt). Man erkennt, dass sich der Schall wesentlich schneller entlang der Längsspannglieder ausbreitet als quer dazu entlang des Betons. Die Schallsignale erreichen z.B. die Sensoren Ch10, Ch9 und Ch8 schneller als den Sensor Ch1 obwohl dieser 50 % weniger weit entfernt ist [15].

Abb.5: Freilegung von Spanngliedern zur Untersuchung des Spannstahls und Versuchsdurchführung zur Spannstahlbruchdetektion.

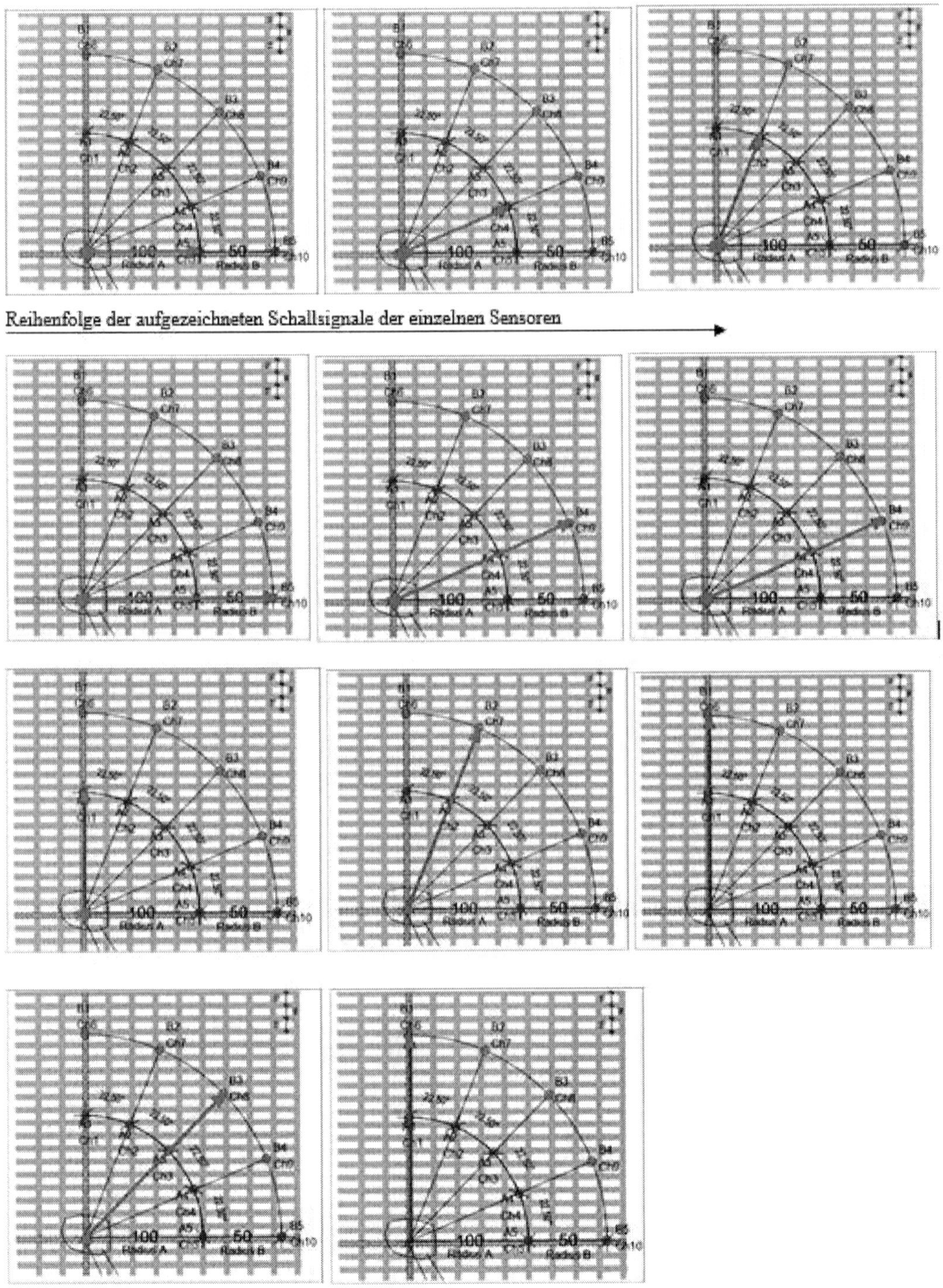

Abb.6: Freilegung von Spanngliedern zur Untersuchung des Spannstahls und Versuchsdurchführung zur Spannstahlbruchdetektion.

5.3 Versuche zur Bestimmung der Schallwege und Schalllaufzeiten an der Gänstorbrücke Ulm [6]

An der Gänstorbrücke in Ulm wurden im Vorfeld der Installation eines Acoustic Emission Systems Vorversuche zur Bestimmung der Sensoranordnung durchgeführt.

Die Dämpfung der Konstruktion wurde durch Schallereignisse untersucht, welche durch einen handelsüblichen Rückprallhammer ausgelöst wurden. Die aufgezeichneten Schallsignale, Abb. 7, bestätigen qualitativ die rechnerischen Simulationen, Abb. 8. Je nach Entfernung zur Schallquelle werden an den AE Sensoren zuerst Oberflächenwellen oder Raumwellen aufgezeichnet. Die Schallsignale mit den höchsten Amplituden und dem vergleichsweise „ungleichmäßigsten" Verlauf stellen die Oberflächenwellen (R-Wellen) dar, die Schallsignale der Raumwellen (p- und s- Wellen) sind hingegen gleichmäßiger im Verlauf und weisen wesentlich geringere Amplituden auf.

Eine weitergehende Analyse der Schallwege zeigte, dass die Schallwellen „verschiedene Wege durch das Bauwerk gehen" und je nach Schallleiter (Betonstahl, Spannstahl, Beton) keine einheitlichen Schallgeschwindigkeiten bestehen, was die Lokalisierung von Schallereignissen erschwert. Man erkennt jedoch auch, dass an der Oberfläche von Stahlbetonbauwerken ausgelöste Schallereignisse eine andere Signalform aufweisen als Schallereignisse im Inneren, z.B. infolge von Spannstahlbrüchen. Damit können Schallereignisse von einem Anprall an das Bauwerk von Bruchereignissen unterschieden werden.

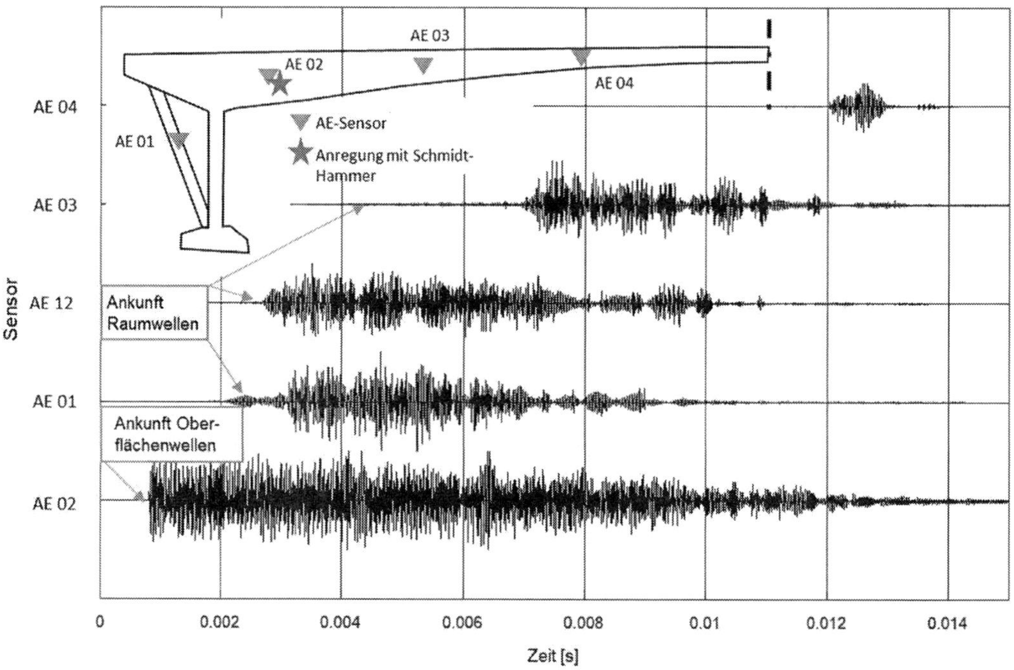

Abb.7: Aufgezeichnete Schallsignale von Schlägen durch den Rückprallhammer zur Bestimmung der Schallgeschwindigkeiten und Dämpfung. Bild aus [1]..

5.4 Rechnerische Simulationen zur Bestimmung von Schallwegen

Zur Veranschaulichung von Schallmessungen, vgl. vorangegangene Abschnitte, wurden Simulationsberechnungen durchgeführt, mit denen eine Schallquelle an der Bauteiloberfläche (Rückprallhammerschlag) und im Bauteilinneren (Spannstahlbruch) nachgestellt wurden. Beton und Stahl wurden als homogene, isotrope Materialien angesetzt. Die Berechnungen erfolgten mit dem FDTD (Finite Difference Time Domain, numerische

Simulation im Zeitbereich) Verfahren unter Ansatz von E-Modul, Querdehnzahl und Dichte in einem 2D-Modell [16].

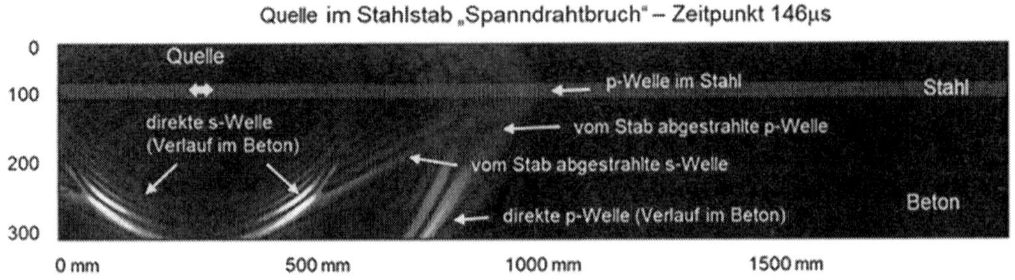

Abb.8: Simulation eines Spannstahlbruchs

Der Spannstahlbruch wurde an einem Betonbauteil mit 2000 mm Länge, 400 mm Höhe und einem Spannstahl in 100 mm Tiefe simuliert. Schallwellen breiten sich unmittelbar ab dem Bruchzeitpunkt vom Bruchort (Quelle) zunächst in Spannstahllängsrichtung aus. Anschließend erfolgt die Wellenausbreitung (Raumwellen, d.h. p- und s-Wellen) weiter entlang im Spannstahl) und ausgehend von der Quelle im Beton. Vom Spannstahl werden Schallwellen (Raumwellen) ständig auch in den umgebenden Beton emittiert, so dass sich verschiedene Wellenfronten und Wellenarten ergeben, die sich fortlaufend überlagern. Je nach Abstand von der Quelle kommen an der Bauteiloberfläche zuerst die Raumwellen aus dem Beton an, wobei aufgrund der höheren Schallgeschwindigkeit zuerst die p-Welle ankommt, bevor die s-Welle die Oberfläche erreicht. Mit zunehmendem Abstand von der Quelle überholen die vom Spannstahl emittierten Raumwellen die Raumwellen, welche direkt von der Quelle ausgehen, Abb. 8.

Die Simulation zeigt, dass zur Lokalisierung von Schallquellen/Bruchorten die Ausbreitungsgeschwindigkeit der Schallwellen im jeweiligen Bauteil anhand der möglichen Schalllaufwege im Beton und im Spannstahl zutreffend abgeschätzt werden muss.

6. Anwendungsbeispiele

Nachfolgend werden Anwendungsbeispiele für AE Systeme an Brücken dargestellt, welche aufzeigen, dass Spannstähle aus sehr verschiedenen Gründen bruchgefährdet sein können und eine sinnvolle Überwachung ohne AE nicht möglich ist.

6.1 Altstadtringtunnel München – spannungsrisskorrosionsgefährdeter Spannstahl [1]

Der zwischen 1967 und 1972 in Deckelbauweise errichtete Altstadtringtunnel stellt eine wichtige Ost-Westverbindung im Innenstadtbereich dar. Die Blöcke des Haupttunnels sind überwiegend 1-achsig in Längsrichtung vorgespannt und mit Verdrängungskörpern hergestellt. Die vorgespannten Blöcke wurden mit Spannstahl vom Typ Sigma St 145/160 oval 40 hergestellt, welcher gemäß der Handlungsanweisung Spannungsrisskorrosion als spannungsrisskorrosionsgefährdet eingestuft wird.

Im Rahmen von Bauwerksuntersuchungen wurden zum Teil starke Korrosionserscheinungen mit entsprechender Anrissbildung infolge Spannungsrisskorrosion festgestellt.

Für den Bauherrn stellte sich nunmehr die Frage, ob und unter welchen Randbedingungen er das Bauwerk weiter betreiben kann. Aufgrund des geringen Feuchtegehalts des Einpressmörtels (Selbstaustrocknung) ist erst einmal davon auszugehen, dass die

Korrosionsprozesse am Spannstahl stark verlangsamt ablaufen. Unter der Annahme, dass die Einwirkungen auf den Spannstahl gleichbleiben, kann mit hoher Wahrscheinlichkeit davon ausgegangen werden, dass der Altstadtringtunnel uneingeschränkt über einen Zeitraum von 25 bis 30 Jahren weiter genutzt werden kann.

Da ein gewisses Restrisiko verbleibt, wurden von Seiten des Bauherrn jedoch Maßnahmen beschlossen, das Verhalten des Bauwerks langfristig zu überwachen und für einen möglichen Versagensfall einzelner Tunnelblöcke Vorkehrungen zu treffen. Im Rahmen einer 2-jährigen Versuchsphase an 4 Tunnelblöcken wurden durch das installierte AE System 4 unprovozierte/spontane Spannstahlbrüche detektiert, dies zeigt die Sinnhaftigkeit der Dauerüberwachung mit AE.

In diesem Anwendungsszenario wird die Überwachung mittels AE mit einem System zur direkten Messung der Durchbiegung der Tunneldecke kombiniert. Zur Bewertung der Durchbiegung wird weiterhin der vertikale Temperaturgradient innerhalb der vorgespannten Tunneldecke erfasst. Die erhobenen Messdaten werden in Echtzeit auf einer zugangsbeschränkten Online-Plattform für den Bauherren, Tragwerksplaner und die Monitoring-Fachplaner zur Verfügung gestellt, Abb. 9. Weiterhin besteht eine direkte Verbindung der Messsysteme zur Tunnelleittechnik um bei kritischen Messwerten unmittelbar Maßnahmen auslösen zu können.

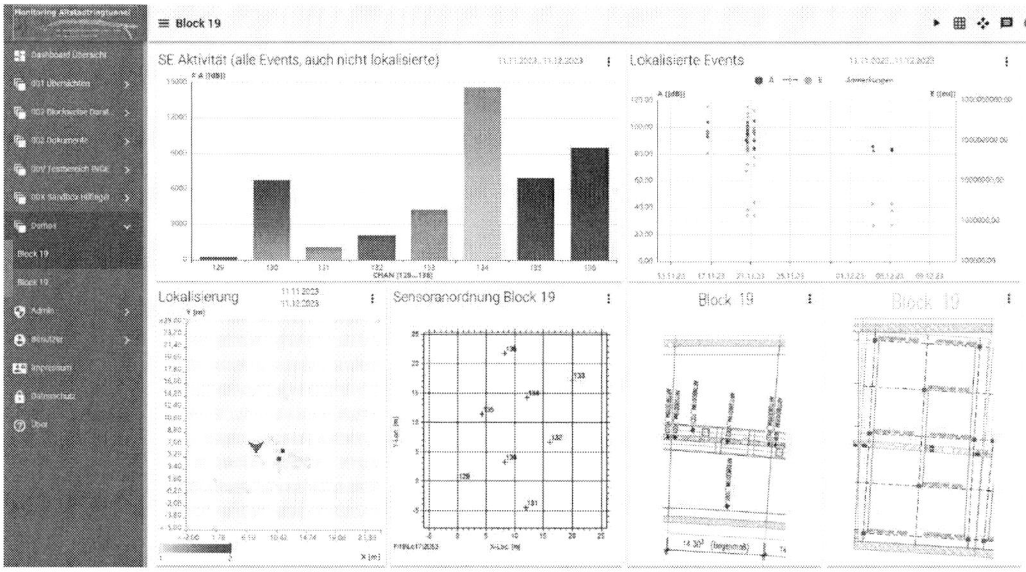

Abb.9: Dashboard zur OnlineVisualisierung der Messdaten.

6.2 Gänstorbrücke Ulm – Bruchgefahr durch Korrosion infolge unverpresster Hüllrohre [6]

Voruntersuchungen ergaben eine lokal sehr starke Korrosionsschädigung der Spannstähle. Trotz großer Querschnittsverluste wurden noch keine Spannstahlbrüche aufgefunden, dies lässt darauf schließen, dass der Spannstahl ein vergleichsweise gutmütiges Bruchverhalten aufweist und nicht kerbempfindlich ist. Dennoch kann nicht zuverlässig abgeschätzt werden, in-wieweit bereits Spannstahlbrüche aufgetreten sind und ob und in welcher Zeit zukünftig mit Spannstahlbrüchen gerechnet werden muss. Aufgrund der großen Querschnitte der Spannstähle und der vergleichsweise geringen Anzahl an Spannstählen wirken sich Spannstahlbrüche prozentual auf die Tragsicherheit der Gänstorbrücke wesentlich stärker aus, als beispielsweise Spanndrahtbrüche an Brücken mit Sigma-Oval-Stählen. Zur dauerhaften

Überwachung auf Spannstahlbrüche wurden 36 AE Sensoren verteilt auf den vier Stegen und acht Zuggliedern angebracht.

6.3 Gänstorbrücke Ulm – Bruchgefahr durch chloridinduzierte Korrosion infolge undichter Ükos

Im Bereich der vorgespannten Zugglieder wurde ein starker Chlorideintrag durch eine undichte Übergangskonstruktion festgestellt. Im Verlauf des ersten Jahres der AE Messungen wurde bereits ein Spannstahlbruch an einem Zugglied detektiert.

Anmerkung zur Gänstorbrücke:
Die Gänstorbrücke ist bereits so stark geschädigt, dass eine Sanierung nicht mehr möglich ist. Das installierte Monitoringsystem soll den sicheren Betrieb bis zum fertig gestellten Neubau gewährleisten.

7. Ausblick

Anhand der Schallemissionsanalyse AE ist es möglich, an Bauwerken singuläre Schadensereignisse, z.B. Spannstahlbrüche oder Schadensfortschritte, z.B. das Aufreißen von Schweißnähten zu detektieren.

Bei den meisten Brücken mit rissgefährdetem Spannstahl kann ein zunehmender Spannstahlausfall nicht anhand zunehmender Verformungen detektiert werden. Erst bei einem Aufreißen des Brückenquerschnitts oder einer großen Anzahl von Spannstahlbrüchen werden die Verformungen so groß, dass sie über Verformungsmessungen eindeutig identifiziert werden können. In diesem Fall bedeutet dies aber häufig, dass das Bauwerk bereits schwer geschädigt ist und nicht weiter betrieben werden kann. Es ist im Interesse des Bauherrn, ständig über einen zunehmenden Schadensfortschritt Bescheid zu wissen, um rechtzeitig Maßnahmen einleiten zu können, wie z.B. die Planung/Umsetzung einer Instandsetzung/Verstärkung, falls dies möglich ist, oder eines Ersatzneubaus.

Die Langzeitdetektion von Spannstahlbrüchen an Bauwerken mit AE ist möglich, die Schallsignale infolge Spannstahlbrüche können von anderen Schallereignissen unterschieden werden. Für Schallereignisse sind in der Steuerungs- bzw. Auswertesoftware Schwellwerte festzulegen, die bei potentiellen Bruchereignissen Alarme für den zuständigen Personenkreis generieren. Jedes Alarmereignis ist nachträglich zu analysieren. Dabei ist zu bewerten, ob es sich ich tatsächlich um einen Bruch handelt oder eine andere Schallquelle alarmauslösend war. Die Sensorik muss für jedes Bauwerk speziell geplant werden. Es empfiehlt sich, anhand von Vorversuchen die Dämpfungseigenschaften und Schallgeschwindigkeiten des Bauwerks zu bestimmen. Anhand dieser Kennwerte sind dann Schallsensoren mit geeigneter Verstärkung auszuwählen und die Sensoranordnung möglichst so festzulegen, dass Bruchsignale von mehreren Sensoren detektiert werden können, um den Bruchort zu bestimmen.

Eine wesentliche Stärke der AE liegt darin, dass ein ganzes Bauwerk mit einer begrenzten Anzahl von Sensoren überwacht werden kann, ohne dass die Detektion von Ereignissen davon abhängt, ob Schäden an beliebigen Stellen im Bauwerk zu messbaren Veränderungen im Bereich lokaler Messstellen führen, beispielsweise lokalen Verformungen oder Dehnungsänderungen.

Dennoch entfaltet die Technologie aufgrund der komplexen Bewertung erst in Kombination mit anderen Messsystemen ihre wahre Leistungsfähigkeit, indem Ereignisse in der Gesamtschau mehrerer Systeme analysiert werden können. AE stellt deshalb bei

Bauwerken, welche einem Dauermonitoring unterliegen, zumeist nur eines von mehreren, kombiniert eingesetzten Messverfahren dar.

Die Einbindung verschiedener Messsysteme in ein Gesamt-Monitoringsystem muss sorgfältig geplant werden, um alle Messdaten in geeigneten Datenformaten und insbesondere zeitsynchron zu erhalten. Die Datenaufnahme, Datenspeicherung, Datenfusion und das Postprocessing der Messdaten erfolgen üblicherweise über sogenannte Edge-Server. Die Datenvisualisierung und das Reporting erfolgt in Dashboards, in welchen die Daten für einen bestimmten Personenkreis einsehbar und auf verschiedenen Arten darstellbar aber nicht mehr manipulierbar sind.

Referenzen

[1] Sodeikat, C.; Groschup, R.; Knab, F; Obermeier, P.: Acoustic Emission in der Bauwerksüberwachung zur Feststellung von Spannstahlbrüchen. Beton und Stahlbetonbau 114 (2019), Heft 10., S. 707 – 723.
[2] Schacht, G.; Käding, M.; Bolle, G.; Marx, S.: Konzepte für die Bewertung von Brücken mit Spannungsrisskorrosionsgefahr: In: Beton- und Stahlbetonbau 114 (2018), Heft 12, Ernst & Sohn Verlag, Berlin.
[3] DGZfP Merkblatt B09: Dauerüberwachung von Ingenieurbauwerken, Fassung 2022.
[4] DGZfP Merkblatt: Detektion von Spannstahlbrüchen mit Schallemission, erscheint in Kürze
[5] DBV Merkblatt Brückenmonitoring, Fassung 2018.
[6] Müller, A.; Sodeikat, C.; Schänzlin, J.; Knab, F.; Albrecht, L.; Groschup, R.; Obermeier, P.: Die Gänstorbrücke in Ulm – Untersuchung, Probebelastung und Brückenmonitoring. In: Beton- und Stahlbetonbau 115 (2020), Heft 2, Ernst & Sohn Verlag, Berlin.
[7] Bertolini, L., Carsana, M.: High pH Corrosion of Prestressing Steel in Segregated Grout, In: Andrade C., Mancini G. (eds) Modelling of Corroding Concrete Structures. RILEM Bookseries, vol 5. Springer, Dordrecht.
[8] Sodeikat, Ch.; Mayer, K.; Obermeier, Ph.: Corrosion on prestressing wires due to segregation of the injection mortar – Detection of injection defects with Ultrasonic-Echo Technique. ICCRRR 2018, Cape Town South Africa.
[9] Sodeikat, Ch.; Schönemann, U.; Lautz, M.; Schießl, P.; Gehlen, Ch.: Untersuchung an den Spannverankerungen dreier Straßenbrücken in München. In: Beton- und Stahlbetonbau 99 (2004), Heft 4, S. 278-288, Ernst & Sohn Verlag, Berlin.
[10] Graff, K.F.: Wave Motion in Elastic solids. New York, NY: Dover Publications, Inc., 1991.
[11] Gibson A., Popovics J.S.: Lamb wave basis for impact-echo method analysis. Journal of Engineering Mechanics, 131 (4) , pp. 438-443, 2005.
[12] Große, Ch.; Schumacher, Th.: Anwendung der Schallemissionsanalyse an Betonbauwerken. Bautechnik 90 (2013), Heft 11, S. 721-731. Ernst & Sohn Verlag, Berlin.
[13] DIN EN 13477-2:2013-04: Zerstörungsfreie Prüfung – Schallemissionsprüfung – Gerätecharakterisierung -Teil 2: Überprüfung der Betriebskenngrößen; Deutsche Fassung EN 13477-2:2010.
[14] Fricker, St.: Schallemissionsanalyse zur Erfassung von Spanndrahtbrüchen bei Stahlbetonbrücken. ETH Zürich, Research Collection, 2010.
[15] Roger, M.; Sodeikat, Ch.; Diewald, F.: Detektion von Spannstahlbrüchen mittels Acoustic Emission. Wissenschaftlicher Kurzbericht Nr. 47 (2020). TU München, Ingenieurfakultät Bau Geo Umwelt, Centrum Baustoffe und Materialprüfung.
[16] www.simsonic.fr; Bossy et al, JASA 115, 2314-2324, 2004.

Versuche an der Brücke Altstädtischer Bahnhof, Brandenburg an der Havel.

Felix KAPLAN [1], Oliver STEINBOCK [2]
[1] Landesbetrieb Straßenwesen Brandenburg, Hoppegarten
[2] TU Dresden, Dresden

Kontakt E-Mail: Felix.Kaplan@ls.brandenburg.de

Kurzfassung. Die Brücke am Altstädter Bahnhof in Brandenburg an der Havel wurde im Dezember 2019 für den Verkehr von Straßenbahnen und Kraftfahrzeugen gesperrt, nachdem im Rahmen der Bauwerksprüfung eine erhebliche Zunahme von Rissen festgestellt wurde. Bei den anschließenden Untersuchungen waren insbesondere das spröde – auf Spannungsrisskorrosion zurück zu führende – Versagen der Spanndrahtproben im Zugversuch und die festgestellten Anrisse die Ursache für die Anordnung einer umfangreichen Monitoringanlage zur Messung von Durchbiegungen des Überbaus, Temperaturverläufen im Überbau und Spanndrahtbrüchen in den Längsträgern.

Während der Laufzeit der Messanlage konnten an der Brücke zahlreiche Spanndrahtbrüche detektiert werden und bei anschließenden Bauwerksprüfungen teilweise Schadenszunahmen festgestellt werden. Der permanent fortschreitende Schädigungszustand zeichnet sich besonders durch die Längsrisse im Steg der Längsträger aus, die auf Höhe des Spanngliedes verlaufen. Diese Rissbilder konnten an einzelnen Längsträgern bereits im Zuge der Bauwerksprüfung seit Dezember 2019 festgestellt werden. Somit sind am Bauwerk Altstädter Bahnhof die folgenden vier Schädigungszustände (bezogen auf die Längsträger) vorhanden:

- Längsträger ohne Längsrisse
- Längsträger mit Längsrissen (vor Juni 2020)
- Längsträger mit detektierten Spanndrahtbrüchen (seit Juni 2020) ohne Längsrisse
- Längsträger mit detektierten Spanndrahtbrüchen (seit Juni 2020) mit Längsrissen

An dem Bauwerk bestand die Möglichkeit die verschiedenen o. g. Schädigungszustände unter kontrollierten Bedingungen zu untersuchen. Hierfür wurde das Bauwerk im Rahmen eines zerstörenden Versuchs kontrolliert geschädigt. Dabei wurden die o.g. Schadensbilder generiert und messtechnisch erfasst. Bei der Messtechnischen Erfassung wurden u.a. die folgenden Verfahren angewendet: Monitoring mittels Schallemissionsanalyse, Monitoring mittels Faseroptik, Schwingungsmonitoring, geodätische Messung der Biegelinie, zerstörungsfreie Messung sowie Photogrammetrie.

Der Mehrwert der hier Erkenntnisse geht weit über das konkrete Bauwerk hinaus. Es konnten zu erwartende Schadensbilder, die auf andere Bauwerke mit konzentrierten Spanngliedern (Spannblockverfahren und Baur-Leonhardt-Verfahren) übertragbar sind, dokumentiert werden. Durch die systematische Auswertung der Versuchsdaten wurden Grundlagen geschaffen, durch die bei Vorliegen entsprechender Schadensbilder, fundierte Bewertungen zur Resttragfähigkeit ermöglicht werden.

1 Bauwerksbeschreibung

1.1 Baukonstruktion

Die Brücke am Altstädter Bahnhof wurde im Jahre 1969 hergestellt siehe z. B. [1]. Sie bildete die Hauptverbindung zwischen der Innenstadt und den westlichen Stadtteilen der Stadt Brandenburg an der Havel. Durch das Bauwerk wurde die Magdeburger Straße (B 1) sowie eine Straßenbahnlinie über die Zanderstraße (B 102) und die Gleise der Deutschen Bahn überführt. Die Lage des Bauwerks ist in Abbildung 1 dargestellt.

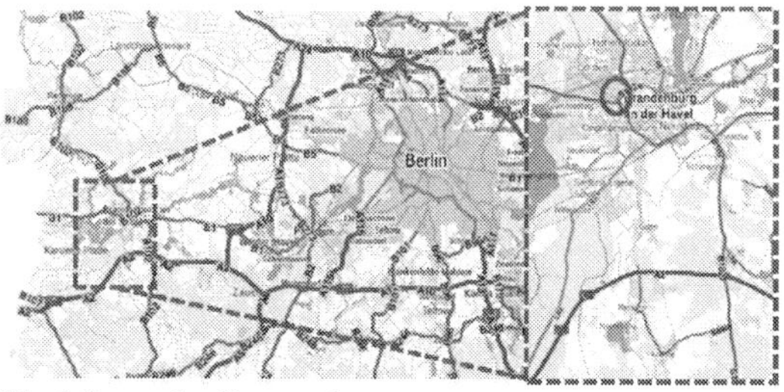

Abb. 1 Lage des Bauwerks
Straßennetzviewer Brandenburg

Die Brücke bestand aus zwei Teilbauwerken [2], [3]. Gegenstand der weiteren Ausführungen ist ausschließlich das Tbw. 1. In Abbildung 2 ist ein Luftbild von der Brücke unmittelbar vor dem Rückbau zu sehen, darin ist das Teilbauwerk farblich hervorgehoben.

Abb. 2 Bauwerk vor dem Rückbau, Tbw. 1 hervorgehoben
ifB Eigenschenk

Das Tbw. 1 war mit einer Länge von 174 m und einer Überbaubreite von ≈ 37 m ungewöhnlich breit. Gleichzeitig wurden in Brückenquerrichtung nur zwei Stützenreihen mit einem Abstand von 18,5 m angeordnet. Daraus resultierte auch die ungewöhnliche Wahl des Überbauquerschnittes, der als neunzelliger Hohlkasten mit einer variablen Konstruktionshöhe zwischen 1,46 m und 1,54 m ausgeführt war und in Brückenquerrichtung eine sehr robuste Konstruktion sicherstellte. Somit konnten auch die im Norden liegenden Kragarme mit der Straßenbahn befahren werden. Die planmäßig nicht zugänglichen Hohlkästen wiesen eine lichte Höhe von ≈ 1,22 m bzw. 1,06 m bei einer Breite von 2,68 m auf. Mit Ausnahme des kleinen Endfeldes (20 m) waren die Hohlkästen durch schlaff bewehrte Feldquerträger in der Feldmitte ausgesteift. Des Weiteren sind in den Stützenachsen vorgespannte Querträger angeordnet. Im Anschlussbereich des Zubringers (Achse C) sind zusätzlich zum Hauptquerträger zwei vorgespannte Nebenquerträger angeordnet. Der Querträger C und die beiden Nebenquerträger dienen als Auflager für die Längsträger des Nebentragwerks.

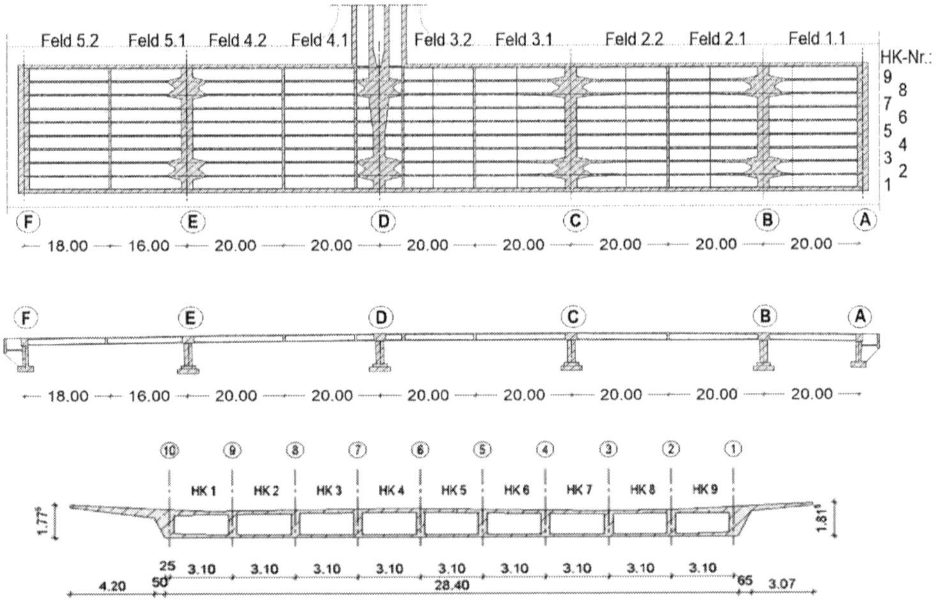

Abb. 3 Tbw. 1 Draufsicht, Längsschnitt, Querschnitt [2]

Die Längsträger des Haupttragwerks wurden jeweils mit einem konzentrierten Spannglied vorgespannt, welche mit veränderlicher Höhenlage -an einen parabolischen Verlauf angenähert- geführt wurden. Da die Querschnitte nicht gevoutet sind und im Stützbereich keine Zusatzspannglieder angeordnet wurden, führt dies im Stützbereich zu geringeren Druckspannungen in der vorgedrückten Zugzone und im Feldbereich zu hohen Druckrandspannungen in der Platte.

1.2 Spannblockverfahren

Bei der Brücke am Altstädter Bahnhof kam das Spannblockverfahren für die Längsträger zur Anwendung. Bei dem Spannblockverfahren handelt es sich um eine Adaption anderer Spannverfahren mit konzentrierten Spanngliedern, wie z. B. dem Verfahren Baur-Leonhardt, auf dem Gebiet der ehemaligen DDR. Das Spannverfahren wurde zwischen 1962 und 1970 bei insgesamt elf Bauwerken angewendet.
Als die Brücke am Altstädter Bahnhof errichtet wurde, war das Spannblockverfahren durch in der TGL 173-33 geregelt. Gegenüber den normativen Vorgaben kam beim vorliegenden Bauwerk eine Sonderform zum Einsatz. Zum einen wurden anstelle des üblichen Spanndrahtes mit 40 mm² Querschnittsfläche, Spanndrähte mit 35 mm² verwendet. Grund hierfür war, dass zum damaligen Zeitpunkt lediglich die Spanndrähte mit 35 mm² in der erforderlichen Lieferlänge von 175 m beim Hennigsdorfer Stahlwerk zur Verfügung standen. Zum anderen wurde ein größerer Spannkasten (Spanngliedkasten für SSG 1400 statt SSG 1200) notwendig, um die insgesamt 392 Einzeldrähte im Spannkasten unterbringen zu können bzw. eine Spannkraft von 12 MN je Hauptträger einleiten zu können. Die 392 Einzeldrähte wurden lagenweise eingebaut und mittels Abstandshaltern in ihrer Lage gesichert, wie in Abb. 4 erkennbar ist.

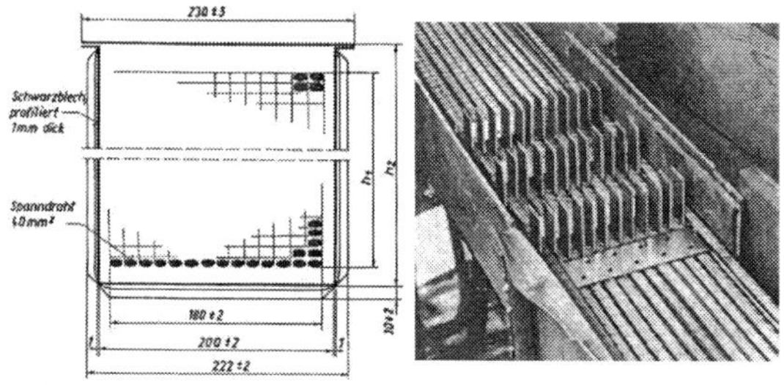

Abb. 4 Konzentriertes Spannglied im Querschnitt (links) [4] und in der Ansicht (rechts) [1]

Mit dem heutigen Wissen ist das Spannblockverfahren grundsätzlich kritisch zu bewerten. Als Spannstahl wurden die vergüteten Hennigsdorfer Spanndrähte verwendet, diese sind mittlerweile bei Ortbetonbauwerken als hochgefährdet in Bezug auf Spannungsrisskorrosion bekannt. Bedingt durch den Bauablauf wurden die Spannglieder erst nach ca. 6 Monaten verpresst. Bis dahin waren die Spanndrähte nicht durch das alkalische Milieu geschützt.

2 Bauwerkszustand und Zustandsentwicklung

2.1 Bauwerkszustand

Die Sperrung der Brücke erfolgte im Zuge der Vorbereitung der Hauptprüfung im Dezember 2019. Dabei war aufgefallen, dass sich in der Untersicht der Brücke eine massive Risszunahme eingestellt hat. Zusätzlich wurden in einzelnen Hohlkästen auch spanngliedparallele Risse in den Längsträgerstegen dokumentiert, Abb. 5. Während der anschließenden intensiven Bauwerksprüfung wurde außerdem festgestellt, dass die Anzahl und die Länge der Risse spürbar zu nimmt.

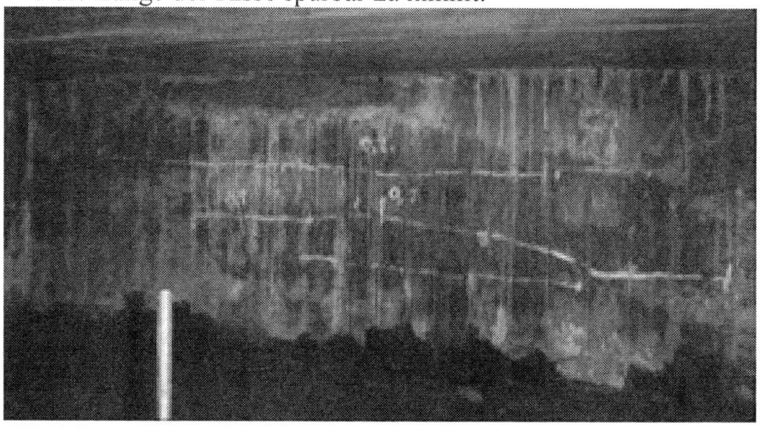

Abb. 5 Spanngliedparallele Risse (exemplarisch)

Im Rahmen der parallel durchgeführten Objektbezogenen Schadensanalyse wurden auch Spanndrahtproben entnommen. Deren Untersuchung zeigte einen sehr hohen Versprödungsgrad und infolgedessen eine mangelhafte Bruchdehnung und eine reduzierte Zugfestigkeit. Alle untersuchten Proben wiesen Anrisse infolge Spannungsrisskorrosion auf, exemplarisch Abb. 6.

Abbildung 28: Exemplarisches Bruchbild - versprödeter Spannstahl

Abb. 6 Exemplarisches Bruchbild der Spanndrähte, KHP Berlin

Am Bauwerk waren somit nicht nur plötzlich auftretende Rissbilder, sondern auch mangelhafte Materialeigenschaften anzutreffen. Eine weitere Befahrung war dadurch ausgeschlossenen und ein schnellstmöglicher Abbruch einzuleiten.

2.2 Überwachungskonzept

Es zeichnete sich schnell ab, dass bis zum Rückbau ca. 12 Monaten vergehen würden. Eine Sperrung der unterführten Verkehrswege wurde deshalb diskutiert, allerdings sind diese für den Verkehr in der Region so wichtig, dass dieses Szenario vermieden werden sollte. Aus diesem Grund musste ein umfangreiches Überwachungskonzept entwickelt und umgesetzt werden.

Bei der Konzeption wurde davon ausgegangen, dass die Schäden primär infolge spannungsrisskorrosionsbedingter Spanndrahtbrüche entstehen und dass die Schäden fortschreiten. Das Überwachungskonzept setzte sich zusammen aus den Bestandteilen Schallemissionsmonitoring, Durchbiegungsmonitoring in Feldmitte, punktueller Rissüberwachung in Bereichen mit Schädigungsentwicklung sowie engmaschiger Bauwerksprüfung.

2.3 Zustandsentwicklung

Aufgrund der unter 2.2 beschriebenen Überwachung des Bauwerks können umfangreiche Aussagen zur Zustandsentwicklung zwischen Juni 2020 (Inbetriebnahme Monitoringanlagen) und Mai 2021 (Rückbau) getroffen werden. In diesem Zeitraum wurden insgesamt 111 Spanndrahtbrüche gemessen, siehe Abb. 7. Dabei ist ersichtlich, dass sich die Lage der Spanndrahtbrüche in bestimmten Bereichen konzentriert. Die Bauwerksprüfung zeigte außerdem, dass die visuell erkennbaren Schäden zunehmen. Dies wurde teilweise im unmittelbaren zeitlichen Kontext mit Spanndrahtbrüchen detektiert, Abb. 8.

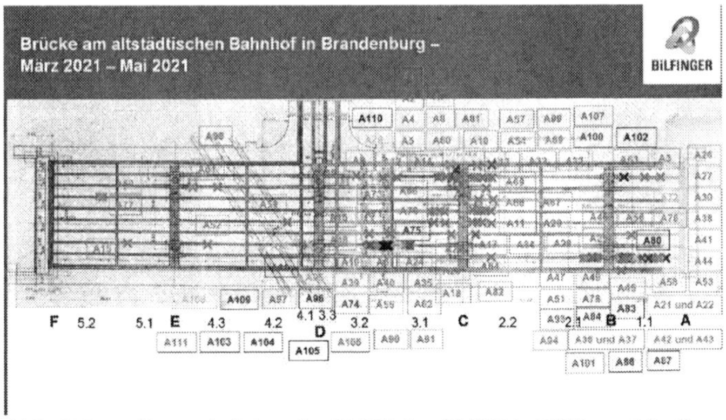

Abb. 7 Lage Spanndrahtbrüche 03/2021 – 05/2021, Bilfinger Noell

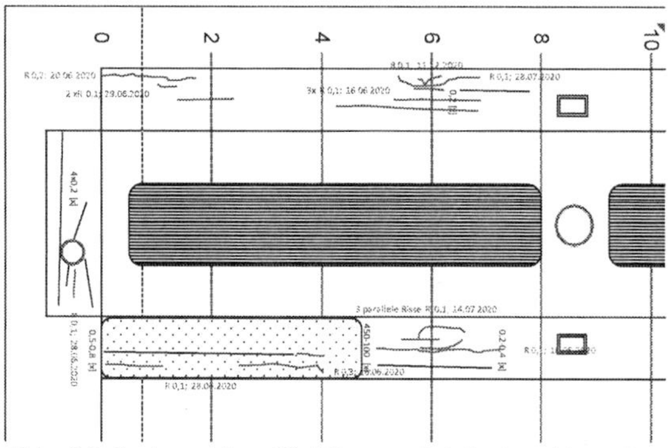

Abb. 8 Schadensskizze Hohlkasten 3.1-9, Anschluss Querträger C, LS Brandenburg und r.a.p. Ingenieure

3 Bauwerksuntersuchungen im Zuge des Rückbaus

3.1 Untersuchungskonzept

Während sich bei Tragwerken mit kleinteiligen Spanngliedern und einem Ankündigungsverhalten in Sinne der Handlungsanweisung Spannungsrisskorrosion der Ausfall einzelner Spanndrähte in Form von Biegerissen zeigt, ist dies bei großformatigen Spanngliedern nicht der Fall. Die dokumentierten Längsrisse sowie der Versprödungsgrad der Spanndrähte führten zu der These, dass ein hoher und lokaler Schädigungsgrad der Spanndrähte in den großformatigen Spanngliedern zu Spaltzugrissen im Steg führt, bevor Biegerisse auftreten. Die Spaltzugkräfte bei einer lokalen Schädigung von großformatigen Spannglieder sind jedoch nahezu unabhängig von zusätzlichen äußeren Einwirkungen und können somit bereits unter Eigenlasten auftreten.
Zur Verifizierung dieser These wurden durch das BMDV umfangreiche Untersuchungen im Rahmen des Rückbaus finanziert. Um dieses Ziel zu erreichen, sollte das Schadensbild künstlich erzeugt werden. Der Versuch war durch zahlreiche messtechnische Verfahren zu begleiten, um hierdurch auch Einsatzempfehlungen für andere Bauwerke zu erhalten.
Für die Durchführung wurden insgesamt 2 Versuchsstellen festgelegt, siehe Abb. 9. Dabei handelt es sich bei der V1 um einen Bereich in dem zuvor keine Spanndrahtbrüche gemessen wurden und auch keine Längsrisse vorhanden waren. V2 lag sowohl im gemessenen Hot-Spot und hatte die erwarten Längsrisse bereits.

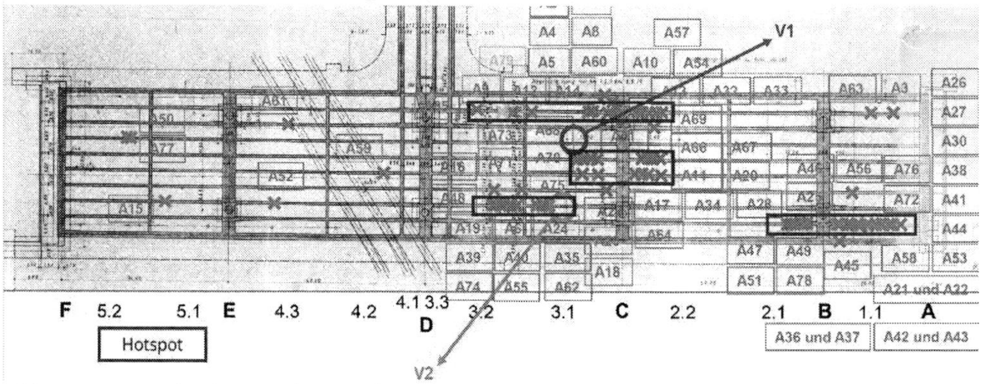

Abb. 9 Lage von Hot Spots und Darstellung der Messstellen V1 und V2 [2]

Der Versuchsaufbau wurde so gewählt, dass die Spandrähte lagenweise mittels Seilsäge angesägt wurden, siehe Abb. 10. Durch den geringen Stich stellte dies auch an den Seilsägenführer sehr hohe Anforderungen. Nähere Informationen zur Versuchsdurchführung sind [2] zu entnehmen.

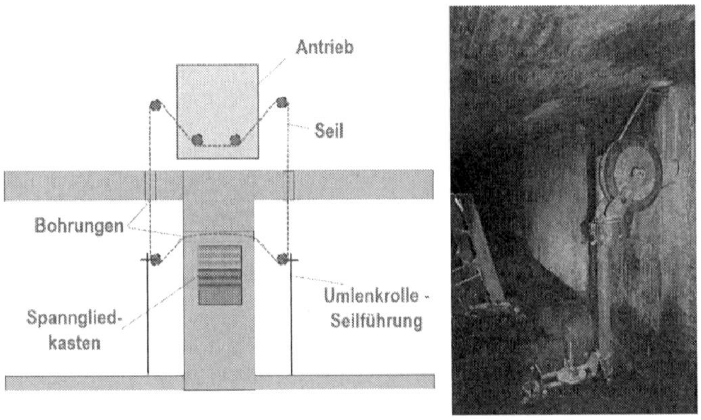

Abb. 10 Versuchsaufbau links, schematisch, rechts Umlenkrolle im Hohlkasten [2]

3.2 Ergebnisse in Bezug auf die Schadensbilder

Beim Trennen der Spannglieder konnte an Messstelle V1 das Entstehen der Längsrisse nachgewiesen werden und somit das prognostizierte Schadensbild bestätigt werden. Nachdem etwa ein Drittel der Drähte des vorliegenden großformatigen Spanngliedes durchtrennt waren, entstand ein vergleichbares Schadensbild wie es bereits am Bauwerk dokumentiert werden konnte. Mit zunehmender Schädigung konnte auch eine Zunahme der hohl liegenden Bereiche festgestellt werden. Bei diesem Spannverfahren können Längsrisse in den Stegen entlang des Spanngliedverlaufs, insbesondere in Verbindung mit Hohlstellen, auf eine lokale Häufung von Spanndrahtbrüchen im Inneren der Spannglieder hinweisen, siehe hierzu exemplarisch Abb. 5 und Abb. 11.

An Messstelle V2 konnten keine nennenswerten Zunahmen in den Rissweiten bestehender Risse festgestellt werden, anstelle dessen kam es vorwiegend zu neuen Rissbildungen und zur Verlängerung bestehender Risse.

Die Versuchsergebnisse lassen den Rückschluss zu, dass an anderen Stegen, die ein ähnliches Riss- und Schadensbild wie an Messstelle II (vor dem Trennen der Spanndrähte) aufwiesen, von einem ähnlich hohen Schädigungsgrad des Spanngliedes ($\approx$ 1/3) und somit von einer merklich reduzierten Resttragfähigkeit auszugehen ist.

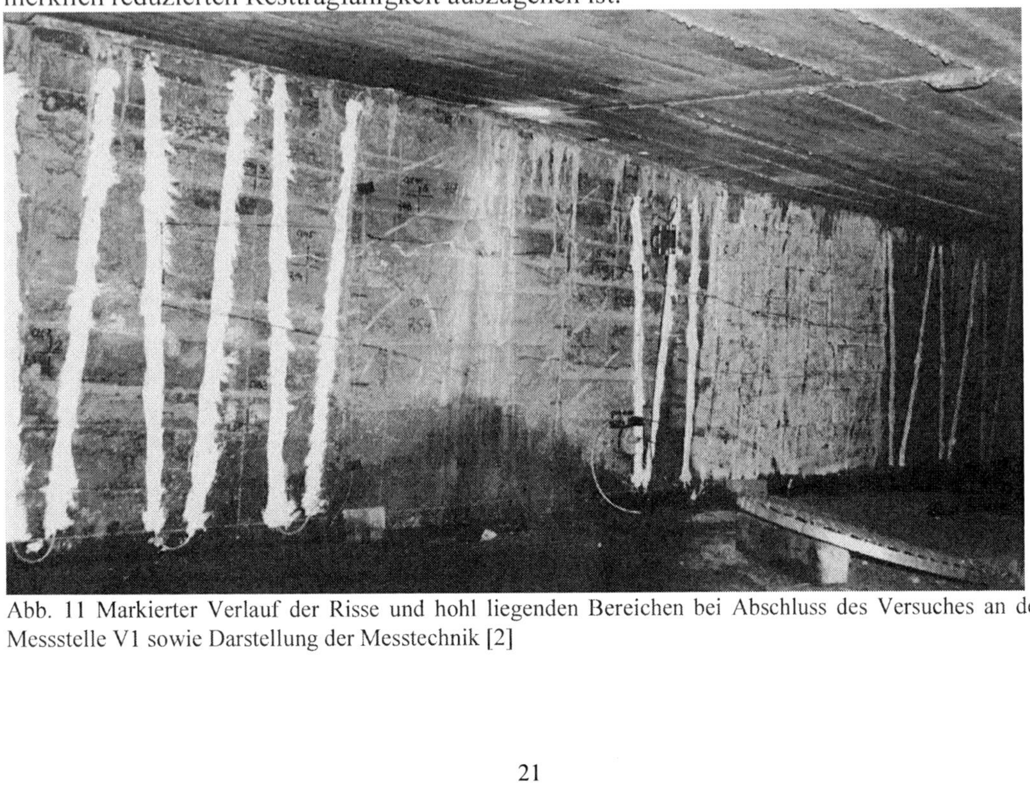

Abb. 11 Markierter Verlauf der Risse und hohl liegenden Bereichen bei Abschluss des Versuches an der Messstelle V1 sowie Darstellung der Messtechnik [2]

3.3 Monitoring

Durch den gleichzeitigen Betrieb von einer Vielzahl an verschiedenen Monitoringverfahren, im praktischen Einsatz an einem geschädigten Bauwerk getestet warden, vgl. Abb. 11.

Detektion von einzelnen Spanndrahtbrüchen	Messung von globalen Steifigkeitsänderungen	Erfassung von Rissen im Beton
➢ Schallemissionsanalyse	➢ Schwingungsmonitoring	➢ Faseroptik
	➢ Tachymetrische Messung	➢ Fotogrammetrie
		➢ Beton-DMS

Abb. 11 Überblick der eingesetzten Monitoringverfahren

Insbesondere durch den vergleichenden Einsatz dieser Verfahren herausgearbeitet werden. Abb. 12 zeigt exemplarisch den Vergleich der Ergebnisse der Messungen mittel Schallemission, Fotogrammetrie und Faseroptischer Verfahren. Daraus ist ersichtlich, dass alle 3 Verfahren in der Lage sind die Schädigung grundsätzlich zu erknnen. Unterschiedlich ist jedoch die Auflösung und die Bereiche mit genauer Schadensbeschreibung.

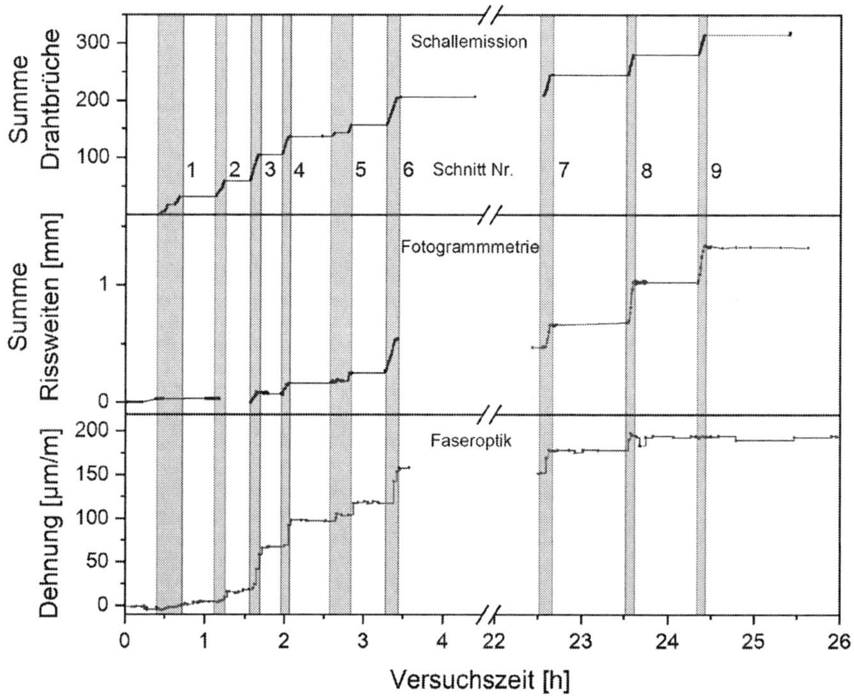

Abb. 12 Korrelation des ursächlichen Schadens (Summe der Spanndrahtbrüche) mit dem daraus resultierenden Rissöffnungen an der Seite des Längsträgers sowie den Dehnungen an der Unterseite des Längsträgers [8]

3.4 Weitere Ergebnisse

Die Ergebnisse im Hinblick auf das Monitoring und die Auswertung zur Untersuchung der Spanndrähte werden separat vorgestellt und sind in diesem Tagungsband enthalten, siehe [5], [6] und [7].

4 Zusammenfassung

Die Brücke am Altstädter Bahnhof stellt mit dem verwendeten konzentrierten Spannglied eine Besonderheit war. Dank der umfangreichen Überwachung konnte der Betrieb auf den unterführten Verkehrswegen bis zum Ersatzneubau gewährleistet werden.
Aufgrund der durchgeführten Untersuchungen wurden folgende Schlussfolgerungen gezogen:
Bauwerke mit konzentrierten Spanngliedern haben bauartbedingt eine hohe Gefährdung für Schäden aufgrund von Spannungsrisskorrosion. Die Schäden können dabei lokal konzentriert auftreten.
Die Schadensbilder weichen von den bekannten Schadensbildern ab. Nach Auftreten der sichtbaren Schäden können sie sich sehr schnell weiterentwickeln.
Monitoringverfahren zur Überwachung des Schädigungsfortschritts sind vorhanden.
Diese Ergebnisse erfordern von den Baulastträgern, dass Bauwerke mit konzentriertem Spannglied (Spannblockverfahren und Baur-Leonhardt) einer besonderen Beobachtung unterliegen sollten. Randbedingungen hierfür werden durch das BMDV im Obmannschreiben 2021-13 [9] definiert.

TAE_Literatur

[1] Lippold, P.: Konzentrierte Spannglieder im Straßenbrückenbau. Bauplanung - Bautechnik, Heft 4 1969, S. 172ff.

[2] Div. Autoren, Landesbetrieb Straßenwesen Brandenburg (Hrsg.): B1 – Altstädter Bahn-hof in Brandenburg an der Havel – Bauwerksuntersuchungen vor dem Rückbau. Abrufbar unter https://www.ls.brandenburg.de/ls/de/ueber-uns/publikationen/.

[3] Kaplan, F., Steinbock, O., Saloga, K., Ebell, G., & Schmidt, S. (2022). Überwachung der Brücke am Altstädter Bahnhof. *Bautechnik*, *99*(3), 222-230.

[4] TGL 173-33 Spannblockverfahren – Spannglieder mit Nennspannkraft 600 bis 1600 Mp. Fachbereichsstandard. Ausgabe 1967-06.

[5] Pirskawetz, S.: Rückbau der Brücke Altstädter Bahnhof, Brandenburg/Havel – Detektion von Spanndrahtbrüchen mit Schallemissionsanalyse, Tagungsband 5. Brückenkolloquium 2022, TAE

[6] Niederleithinger, E.: Überwachung der Brücke Altstädter Bahnhof, Brandenburg/Havel: Begleituntersuchungen mit moderner Sensorik und zerstörungsfreier Prüfung, Tagungsband 5. Brückenkolloquium 2022, TAE

[7] Ebell, G.: Neue Erkenntnisse zu wasserstoffinduzierten Spannungsrissen infolge korrosiver Belastung hochempfindlicher Spannstähle in Spannblockverfahren nach TGL 173-33, Tagungsband 5. Brückenkolloquium 2022, TAE.

[8] Pirskawetz, S., Steinbock, O., Hille, F., Schmidt, S. & Hofmann, D. (2022). Erfahrungen aus dem Rückbau der Brücke am Altstädter Bahnhof in der Stadt Brandenburg – Teil 2: Schadensmonitoring bei zerstörenden Versuchen. *Beton- und Stahlbetonbau*, *117*(8).

[9] Marzahn, G.: Obmannschreiben 2021-13 Neue Erkenntnisse zu wasserstoffinduzierten Spannungsrissen infolge korrosiver Belastung hochempfindlicher Spannstähle in Spannblockverfahren nach TGL 173-33.

Monitoring von Straßenbrücken - aktueller Einsatz und zukünftige Anwendung

Iris HINDERSMANN [1]

[1] Bundesanstalt für Straßenwesen, Bergisch Gladbach

Kontakt E-Mail: hindersmann@bast.de

Kurzfassung. Aufgrund der starken Zunahme des Verkehrs und konstruktiver sowie stoffbezogener Mängel kann es bei Brückenbauwerken zu Tragfähigkeitsdefiziten und Beschränkung der Restnutzungsdauer kommen. Eine Verstärkung oder der Ersatz aller betroffenen Bauwerke ist kurzfristig nicht möglich. Um das Bauwerk länger sicher nutzen zu können, kann Monitoring eingesetzt werden.

Im Rahmen des Artikels werden der aktuelle Einsatz von Monitoring in der Praxis dargestellt und verschiedene Anwendungsfälle erläutert. Aktuell ist der Einsatz von Monitoring bei Brückenbauwerken der Bundesfernstraßen begrenzt, wie eine Abfrage bei den Straßenbauverwaltungen der Länder ergeben hat. Als Ursache hierfür lassen sich verschiedene Hemmnisse identifizieren.

Um die vielfältigen Möglichkeiten für den Einsatz von Monitoring zu verdeutlichen, werden unterschiedliche Anwendungsfälle von Monitoring und deren Potenziale betrachtet. Relevante häufige Anwendungsfälle sind „Monitoring bei bekannten lokal verorteten Schäden" oder „Monitoring bei bekannten Defiziten aus Nachrechnung oder Konstruktion“ aber auch Anwendungsfälle mit zukünftigen Potenzialen wie „Monitoring zu Unterstützung der Bauwerksprüfung“ oder „Geburtszertifikate“.

1. Einführung

Die Brücken der Bundesfernstraßen stehen einer Vielzahl von Herausforderungen gegenüber. Ursachen hierfür sind u.a. der starke Anstieg des Verkehrs auf Bundesfernstraßen, insbesondere im Güterverkehr, der Klimawandel, das hohe Alter der Brücken und die Notwendigkeit, Nachhaltigkeitsaspekte im gesamten Lebenszyklus der Brücken zu beachten. Monitoring stellt eine Möglichkeit dar diesen Herausforderungen zu begegnen. Monitoring kann zur Sicherstellung der Verfügbarkeit nutzbringend eingesetzt werden, indem Sicherheitsreserven erfasst, Veränderungen und Schwachstellen erkannt, beurteilt und beobachtet werden und damit die Prognose des zukünftigen Verhaltens ermöglichen. Weiterhin ist die Erfassung der tatsächlichen Einwirkungen möglich. Mit den so gewonnen Informationen kann das Erhaltungsmanagement optimiert werden, da mit diesen zusätzlichen Informationen der aktuelle Zustand ermittelt und Zustandsveränderungen prognostiziert werden können. Unter Monitoring wird der Gesamtprozess zur Erfassung, Analyse und Bewertung von Bauwerksreaktionen und/oder der einwirkenden Größen mittels eines Messsystems über einen repräsentativen Zeitraum (zeitliche Entwicklung der Messgröße; kontinuierliche, periodische oder ereignisbasierte Messung, global - lokal) verstanden [1].

2. Einsatz von Monitoring in der Praxis

2.1 Länderabfrage zum Einsatz von Monitoring

Eine Umfrage des Bundesministeriums für Digitales und Verkehr aus dem Jahr 2020 hat gezeigt, dass der Einsatz von Monitoring bei Brücken der Bundesfernstraßen auf vorhandene Schäden und Defizite beschränkt ist. Die im Rahmen der Abfrage ermittelten 100 Monitoringmaßnahmen bezogen sich hauptsächlich auf Brücken der Baujahre von 1960 bis 1980 und spiegelten bei den Brückenarten die typische Verteilung der Bundesfernstraßen mit einem Fokus auf Spannbetonbrücken wider. Die Monitoringmaßnahmen erfolgten zumeist zur Erfassung der Bauwerksreaktion (Abbildung 1) unter Einsatz von Verformungs- und Temperatursensoren [2].

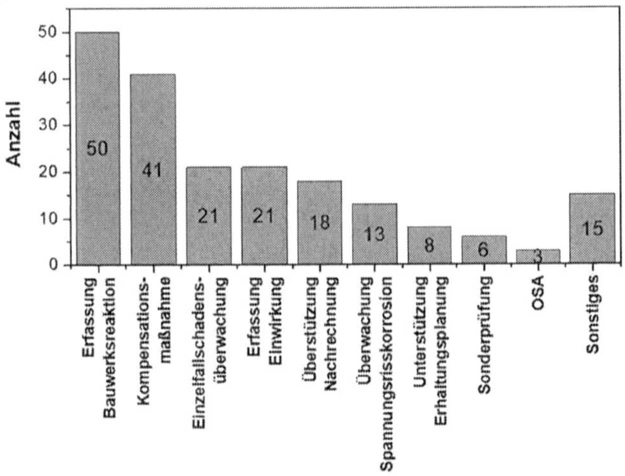

Abbildung 1: Anlass für das Bauwerksmonitoring

Die Durchführung eines Monitorings kann in einzelne Arbeitsschritte von „Definition der Fragestellung", „Erstellung Monitoringkonzept", „Ausführungsplanung Messsystem", „Installation, Betrieb, Datenerhebung", „Datenaufbereitung & Ergebnisauswertung" bis zur „Bewertung der Messergebnisse" eingeteilt werden [1]. Neben dem Auftragnehmer sind u.a. auch Spezialdienstleister für Bauwerksmessungen und Fachplaner für Monitoring am Prozess von der Planung bis zur Bewertung beteiligt und übernehmen einen relevanten Anteil der Arbeit im Prozess [1]. Der Auftragnehmer ist bei den Prozessen „Definition der Fragestellung" und „Bewertung der Messergebnisse" stark eingebunden, wie die Umfrage gezeigt hat [2].

2.2 Hemmnisse

Die Ursachen für den bislang relativ wenig verbreiteten Einsatz von Monitoring an Brücken der Bundesfernstraßen sind vielfältig. Fehlende Fachkenntnisse in Bezug auf den Einsatz von Monitoring und die hohe Komplexität des Themas in Bezug auf die Planung, Durchführung und Bewertung sind Hemmnisse. Abhilfe können Regelwerke und Standardisierung wie das DBV-Merkblatt „Monitoring: Planung, Vergabe und Betrieb", das DGZfP-Merkblatt B 09 „Dauerüberwachung von Bauwerken" und die Erfahrungssammlung „Monitoring bei Bestandsbrücken" schaffen [1; 3; 4]. Weiterbildungen und die Einbeziehung von Ingenieurbüros und Fachplaner für verschiedene Prozessschritte des Monitorings können ebenfalls eine Unterstützungsleistung bieten. Die Schwierigkeit, den Nutzen des Monitorings insbesondere in Bezug auf die Wirtschaftlichkeit zu ermitteln, ist ein weiterer Grund für den wenig verbreiteten Einsatz. Die im Projekt „Wirtschaftlichkeitsuntersuchungen von Monitoringmaßnahmen“ gezeigte Vorgehensweise zur Ermittlung der Wirtschaftlichkeit und des Nutzens von Monitoringmaßnahmen kann zum vermehrten Einsatz beitragen [5].

3. Anwendungsfälle Monitoring

Um Monitoring vermehrt zum Einsatz zu bringen, ist die Implementierung von Anwendungsfällen eine Strategie. Der Vorteil der Anwendungsfälle ist, dass der Einsatz von neuen Technologien in abgegrenzten und definierten Bereichen erprobt und Hemmnisse abgebaut werden. Die im Bundesfernstraßenbereich vorhandenen Anwendungsfälle für Monitoring sind in Abbildung 2 gezeigt.

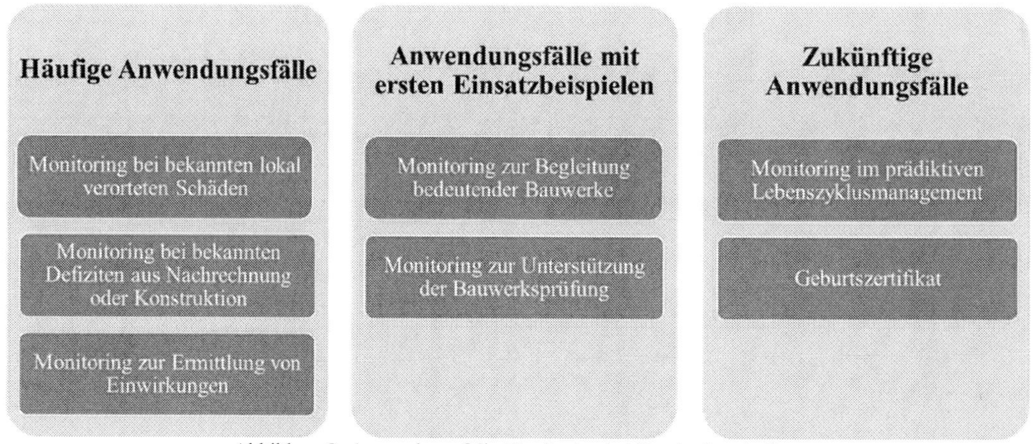

Abbildung 2: Anwendungsfälle Monitoring bei Bundesfernstraßen

3.1 häufige Anwendungsfälle

Unter häufigen Anwendungsfällen werden die Einsätze von Monitoring verstanden, die bei den Bundesfernstraßen in Deutschland bereits heute zahlreich zu finden sind. Die Anwendungsfälle werden genutzt, um konkrete Fragestellungen in Bezug auf die Ingenieurbauwerke, deren Zustand und dessen Entwicklung zu ermitteln. Ausgehend von bekannten Schäden oder Defiziten wird ein auf das Bauwerk und die konkrete Fragestellung bezogenes Monitoringkonzept entwickelt.

3.1.1 Monitoring bei bekannten lokal verorteten Schäden

Im Bereich der Bundesfernstraßen ist der Einsatz von Monitoring bei Bestandsbauwerken am häufigsten bei bekannten und lokal verorteten Schäden zu finden. Wenn im Rahmen der Bauwerksprüfung, der objektbezogenen Schadensanalyse (OSA) oder dem Einsatz von Zerstörungsfreien Prüfungen (ZfP) Schäden am Bauwerk festgestellt werden, kommt der Anwendungsfall zum Einsatz [6; 7]. Zumeist wird ein lokales Monitoringsystem zur Überwachung des Schädigungsfortschritts eingesetzt, damit ist eine Abschätzung der weiteren lokalen Entwicklung möglich. Hiermit wird erreicht, dass die Restnutzungsdauer des Bauwerks verlängert und die Sicherheit erhöht wird. Beispiele für den Einsatz dieses Anwendungsfalls werden in der Tabelle 1 aufgeführt, den angeführten Literaturstellen können weitere Informationen entnommen werden.

Tabelle 1. Anwendung von Monitoring bei bekannten und lokal verorteten Schäden

Brückentyp	**Schaden**	**Messtechnik**	**Literatur**
Stahlbrücke mit orthotroper Fahrbahnplatte aus 1971	u. a. außerplanmäßige Stellung der Rollenlager	induktive Wegaufnehmer	[8; 9]
semiintegrale Spannbetonbrücke aus 1954	Rissfeststellung bei Bauwerksprüfung	Wegaufnehmer	[3]
Stahlbrücke aus 1979	Abschätzung der tatsächlichen Beanspruchung im Pfeilerbereich	Neigungssensoren	[3]

3.1.2 Monitoring bei bekannten Defiziten aus Nachrechnung oder Konstruktion

Dieser Anwendungsfall kommt bei Bauwerken mit Defiziten, welche im Rahmen der Nachrechnung oder an ähnlichen Konstruktionen festgestellt wurden, zum Einsatz. Sichtbare Schäden, die Art des Schadens und der Schadensort sind bei diesem Anwendungsfall häufig unbekannt, daher wird ein globales Monitoring zur Überwachung des defizitären Bauwerks eingesetzt. Die Methoden der globalen Bauwerksüberwachung basieren auf der Annahme, dass Schädigungen am Bauwerk anhand von Änderungen des globalen Tragverhaltens erkannt werden. Die Messungen dienen dazu, Veränderungen, welche sich im Lauf der Zeit am Bauwerk entwickeln, zu erfassen. Auf die Art des Schadens und den Schadensort kann über die Messungen der Parameter und die spätere Auswertung Rückschluss gezogen werden. Unter der Voraussetzung eines duktilen Bauwerksverhaltens mit Versagensvorankündigung ist die Grundlage für das globale Monitoring der Systemreaktionen, dass sich Einwirkungen und Schäden signifikant auf die Systemsteifigkeit auswirken und damit einen direkten Einfluss auf das Tragverhalten des Bauwerks haben. [10; 11]. Alternativ kann das globale Monitoring auf die Detektion der Schädigungsursache ausgelegt werden. Beispiele für den Einsatz dieses Anwendungsfalls sind Brücken mit spannungsrisskorrosionsgefährdetem Spannstahl oder mit Koppelfugenproblematik, wie die Beispiele in Tabelle 2 zeigen.

Tabelle 2. Anwendung von Monitoring bei bekannten Defiziten aus der Nachrechnung oder ähnlichen Konstruktionen

Brückentyp	**Defizit**	**Messtechnik**	**Literatur**
Spannbetonbrücke aus 1968	Einsatz eines spannungsrisskorrosionsgefährdeten Spannstahls	Schallemission	[8]
Spannbetonbrücke aus 1967	Einsatz eines spannungsrisskorrosionsgefährdeten Spannstahls	Schallemission; Neigungssensoren; faseroptische Sensoren	[12]
Spannbetonbrücke mit Balken-/Plattenmischsystem aus 1960	Koppelfugen	Dehnungsmesssensoren; Temperatursensoren	[5]

3.1.3 Monitoring zur Ermittlung von Einwirkungen

Für den Anwendungsfall „Monitoring zur Ermittlung der Einwirkungen“, können direkte Einwirkungen aus äußeren Lasten (Eigenlast, Verkehr, Wind, Schnee) und indirekte Einwirkungen infolge behinderter Verformungen durch klimatische Einwirkung oder von Setzungen unterschieden werden.
Die Erfassung der folgenden Aspekte ist bei Brücken der Bundesfernstraßen möglich:

- Temperatur: Mithilfe von Temperatursensoren wird der Einfluss der Temperatur in und am Bauwerk gemessen. Dieses spielt insbesondere bei der Kompensation des Temperatureinflusses auf die Messung eine große Rolle. Bei der Überwachung der Koppelfuge stellt die Temperatur die maßgebende Einwirkungsgröße für die Bewertung dar.
- Dauerhaftigkeitsparameter: Feuchte und Chlorid stellen eine weitere direkte Einwirkung dar, welche mittels eines Monitoringsystems überwacht werden können.
- Verkehr: Die Einwirkungen des Verkehrs sind eine weitere wichtige Kenngröße, hierbei sind Verkehrsaufkommen und -zusammensetzung von Bedeutung, beispielsweise für die Erstellung eines objektbezogenen Verkehrslastmodells.

Die Tabelle 3 zeigt Beispiele aus der Literatur für den beschriebenen Anwendungsfall.

Tabelle 3. Anwendung von Monitoring zur Ermittlung von Einwirkungen

Brückentyp	Ziel	Messtechnik	Literatur
vorgespannter Stabbogen aus 1968	Erstellung eines objektbezogenen Ziellastniveaus	Dehnmessstreifen; Temperatursensoren	[8]
Stahlbrücke mit orthotroper Fahrbahnplatte aus 1974	Erfassung des tatsächlichen Tragverhaltens unter Gebrauchslast und Erstellung eines objektbezogenen Verkehrslastmodells	Dehnmessstreifen; Temperatursensoren	[3]
Stahlverbundbauwerk in Segmentbauweise (Pilotprojekt)	Überprüfung einer möglichen Depassivierung	Anodenleiter	[3]

3.2 Anwendungsfälle mit ersten Einsatzbeispielen

Die Anwendungsfälle „Monitoring zur Begleitung bedeutender Bauwerke“ und „Monitoring zu Unterstützung der Bauwerksprüfung“ haben im Bundesfernstraßennetz noch keine große Bedeutung. Erste Praxisanwendungen zeigen aber das Potenzial auf und können als Grundlage für die verstärkte Implementierung genutzt werden.

Der Anwendungsfall „Monitoring zur Begleitung bedeutender Bauwerke“ kommt bei Bauwerken zum Einsatz, deren Ausfall große Auswirkungen auf das Verkehrsnetz haben kann. Als sinnvolle Ergänzung zur Sicherstellung der Verfügbarkeit können diese Bauwerke mit einem globalen Monitoring ausgestattet werden. Das globale Monitoring wird auch für den Anwendungsfall „Monitoring bei bekannten Defiziten aus Nachrechnung oder Konstruktion“ genutzt, der Unterschied ist, dass bei den bedeutenden Bauwerken kein Schaden oder Defizit bekannt sein muss.

Ein erstes Einsatzbeispiel ist die Brücke im Digitalen Testfeld Autobahn, hier werden mit Hilfe der eingebauten Sensorik und der Aggregation der gemessenen Daten Zustandsinformationen ermittelt. Die übermittelten Zustandsinformationen ermöglichen dem Bauwerkseigentümer bei Veränderungen eine effektive Unterstützung für Erhaltungsentscheidungen [13]. Der Nutzen für den Einsatz eines präventiven Monitorings bei Brücken ohne Schäden konnte in [14] dargelegt werden.

Im Rahmen der Bauwerksprüfung nach [7] kann Monitoring zur Unterstützung eingesetzt werden, um ergänzende Informationen zur Optimierung der Beurteilung des Zustands zu ermöglichen. Dieses Vorgehen beschreibt den Anwendungsfall „Monitoring zu Unterstützung der Bauwerksprüfung“. Teile der handnahen Prüfung können durch digitale Tools angereichert und verbessert werden. Ausführungsbeispiele für diesen Anwendungsfall sind:

- Instrumentierte Bauteile: Instrumentierte Bauteile ermöglichen Aussagen zu vorhandenen Schäden an den entsprechenden Bauteilen und ggf. die Prognose zukünftiger Entwicklungen. Einsatzbeispiele sind instrumentierte Fahrbahnübergänge, welche die messtechnische Erfassung von Zustandsinformationen zulassen und so eine Ertüchtigung in Abhängigkeit von der tatsächlichen Beanspruchung ermöglichen [15].
- Bildbasierte Verfahren: Im Rahmen des bildbasierten Monitorings werden Bauwerksbilder automatisiert erfasst und im Anschluss die georeferenzierte 3D-Geometrie des Bauwerks ermittelt. Dies ermöglicht die Identifikation von Stellen am Bauwerk, die im Rahmen der Bauwerksprüfung genauer untersucht werden sollen. Weiterhin ist eine KI-gestützte Auswertung der Bilder und damit automatisierte Erkennung von Rissen, Abplatzungen oder Veränderungen möglich [16; 17].

3.3 potenzielle zukünftige Anwendungsfälle

Die zukünftigen Anwendungsfälle zeigen Potenziale für weitere Einsatzgebiete des Monitorings auf.
Der Anwendungsfall „Monitoring im prädiktiven Lebenszyklusmanagement“ wird im Rahmen der Umsetzung digitaler Zwillinge, welche im BIM Masterplan angekündigt werden, eine große Bedeutung bekommen [18]. Monitoring ist im digitalen Zwilling ein Teil der Zustandserfassung und liefert notwendige Informationen zum aktuellen Zustand des Bauwerks und ermöglicht Prognosen (Abbildung 3).

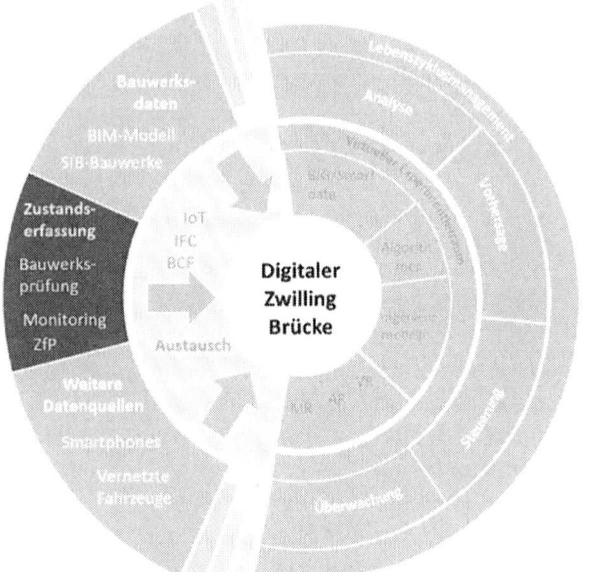

Abbildung 3: Monitoring im digitalen Zwilling (verändert nach [19])

Ziele des digitalen Zwillings sind die Bereitstellung essenzieller Informationen für ein nachhaltiges, prädiktives Lebenszyklusmanagement, Maßnahmenempfehlungen für Bauwerksbetreibende u.a. durch Zustandsanalysen und -vorhersagen, Kosteneinsparungen für Eigentümer und Nutzer und die Erprobung innovativer Ansätze [20]. Insbesondere für die Ziele Bereitstellung essenzieller Informationen und Zustandsanalysen und -vorhersagen sind Monitoring und die daraus abgeleiteten Zustandsinformationen von großer Bedeutung.
Erste Schritte und Ideen zur Umsetzung dieses Anwendungsfalls und damit der Bereitstellung von Informationen für ein nachhaltiges, prädiktives Lebenszyklusmanagement werden

in [21] skizziert. Beispielsweise können aus den Monitoringdaten Informationen zu Schädigungsmechanismen abgeleitet werden. Diese Informationen wiederum können als Grundlage für die Ermittlung von Performancekennwerten in Kombination mit anderen Daten verwendet werden. Dieses Vorgehen dient dazu, Unsicherheiten in der Zustandsbeurteilung zu reduzieren und geeignete Instandhaltungsmaßnahmen zu identifizieren [21].
Der Anwendungsfall „Geburtszertifikat" beschreibt die Nullmessung der Brücke, welche den Referenzzustand und das Tragverhalten einer Brücke nach deren Fertigstellung und vor der Verkehrsfreigabe anhand geeigneter Parameter darstellt. Mit diesem Vorgehen soll die Möglichkeit geschaffen werden, spätere Veränderungen und mögliche langfristige Schäden im Bauwerk rechtzeitig zu erkennen, zu bewerten und Maßnahmen zu ergreifen. Das Geburtszertifikat bildet eine Grundlage für die Interpretation der Auswirkungen von späteren Veränderungen und hilft Aussagen über das zu erwartende Verhalten der Tragwerks- und Ausstattungskomponenten zu treffen. Für das Geburtszertifikat werden physikalische (dynamische und statische) Parameter, chemische Parameter und die georeferenzierte, dreidimensionale Rekonstruktion des Bauwerks ermittelt. Der ermittelte Referenzzustand kann mit Folgemessungen abgeglichen werden und somit eine Entscheidungsgrundlage für den Einsatzzeitpunkt erforderlicher Maßnahmen, wie beispielsweise ein dauerhaftes Monitoring, darstellen.
Die Durchführung einer Nullmessung inkl. einer Belastungsprobe ist in der Schweiz, Italien und Frankreich vorgeschrieben [22–24]. In [16] wird die Durchführung einer Nullmessung an der Hochmoselbrücke beschrieben. Hier wurden neben der Durchführung einer Schwingungs- und Dehnungsmessung zur Feststellung des Verhaltens der Brücke auch ein bildgebendes Verfahren u.a. zur Ermittlung der 3D-Geometrie eingesetzt. Für die Bundesfernstraßen gibt es noch kein allgemein anerkanntes Konzept für die Erstellung von Geburtszertifikaten. Im Rahmen der BASt-Forschung werden die Ermittlung des Referenzzustands und der Einsatz von Sensoren im Neubau (hier insbesondere faseroptische Sensoren) aktuell untersucht.

4. Fazit

Monitoring im Bereich der Bundesfernstraßen ist derzeit im Wesentlichen auf den Einsatz bei bekannten Schäden und Defizite beschränkt, obwohl auch für den standardmäßigen Betrieb der Nutzen von Monitoring bereits klar belegt werden kann. Eine Abfrage bei den Straßenbauverwaltungen hat dieses bestätigt. Hemmnisse für den Einsatz sind neben wenig verbreitetem Wissen zum Thema Monitoring, das Fehlen von Personal, Finanzierungsmöglichkeiten und Standardisierungen.
Um die vielfältigen Möglichkeiten für den Einsatz von Monitoring zu verdeutlichen, werden unterschiedliche Anwendungsfälle von Monitoring und deren Potentiale betrachtet. Der Artikel beinhaltet eine Darstellung der heute bereits häufigen Anwendungsfälle anhand von Beispielen, sowie einen Ausblick für weitere Anwendungsfälle mit großem Potenzial.
Im Rahmen der Entwicklung von einem reaktiven und schadensbasierten Vorgehen hin zu einem prädiktiven Vorgehen in der Bauwerkserhaltung spielt eine monitoringbasierte Zustandserfassung und -bewertung in Verbindung mit Prognosetools eine große Rolle. Monitoring stellt eine Möglichkeit dar, weitergehende Informationen zum Zustand eines Bauwerks bereitzustellen. Mit dem zunehmenden Einsatz von neuen Technologien, z.B. KI, wird es zukünftig möglich sein, aus den verbesserten Zustandsinformationen szenariobezogene Prognosen zu verschiedenen relevanten Aspekten, wie der Restlebensdauer, zu treffen.
Sowohl die vorhandenen Erkenntnisse und Informationen aus der Forschung als auch neue Entwicklungen der Industrie sollten verstärkt in Konzepte und Ideen umgesetzt werden, um

diese für die verschiedenen Verkehrsträger in der Praxis nutzbar zu machen . Mit einem verbesserten Lebenszyklusmanagement und einem daraus resultierenden verbesserten Zustand der Verkehrsinfrastruktur können für die Ingenieurbauwerke in den Bereichen Verfügbarkeit, Sicherheit und Umweltverträglichkeit deutliche Fortschritte erzielt werden.

Literaturverzeichnis

[1] Deutscher Beton- und Bautechnikverein (2018) *Merkblatt: Brückenmonitoring.*

[2] Hindersmann, I. (2021) *Anwendung von Monitoring bei Brücken der Bundesfernstraßen und zukünftige Monitoringstrategien* in: Krieger, J. [Hrsg.] *Fachkongress Digitale Transformation im Lebenszyklus der Verkehrsinfrastruktur: Tagungshandbuch 2021.* Tübingen: Expert Verlag.

[3] Novák, B. et al. (2023) *Erfahrungssammlung Monitoring von Brückenbauwerken – Vorabveröffentlichung.* https://www.bast.de/DE/Publikationen/Fachveroeffentlichungen/Ingenieurbau/Downloads/Erfahrung_Bruecken.html [Zugriff am: 27.10.23].

[4] DGZfP (2022) *Merkblatt B 09 – Dauerüberwachung von Ingenieurbauwerken.*

[5] Schubert, M. et al. (2020) *Wirtschaftlichkeitsuntersuchungen von Monitoringmaßnahmen – Entwicklung eines Konzepts für die Analyse von Nutzen und Kosten.* Berichte der Bundesanstalt für Straßenwesen B, Brücken und Ingenieurbau B156.

[6] Bundesministerium für Verkehr, Bau und Stadtentwicklung (2007) *Richtlinien für die Erhaltung von Ingenieurbauten RI-ERH-ING - Leitfaden Objektbezogene Schadensanalyse (OSA).*

[7] DIN 1076:1999 *DIN 1076: Ingenieurbauwerke im Zuge von Straßen und Wegen - Überwachung und Prüfung.*

[8] Hindersmann, I.; Müller, M.; Kaplan, F. (Juni 2023) *Strategischer Einsatz von Monitoring bei Ingenieurbauwerken mit Anwendungsbeispielen* in: Curbach, M. et al. [Hrsg.] *12. Symposium Experimentelle Untersuchungen von Baukonstruktionen: 01. Juni 2023.* Dresden: Institut für Massivbau Technische Universität Dresden.

[9] Jansen, A.; Geißler, K. (2020) *Ausreißererkennung zur Strukturüberwachung von Bestandsbrücken durch Bauwerksmonitoring mit vier Signalmerkmalen* in: Isecke, B.; Krieger, J. [Hrsg.] *Esslingen.* Expert Verlag.

[10] Retze, U. (2007) *Beispielhafte Untersuchung zum Einsatz von Monitoringmethoden an einer Brücke* [Dissertation]. Universität der Bundeswehr.

[11] Schnellenbach-Held, M.; Karczewski, B.; Kühn, O. (2014) *Intelligente Brücke - Machbarkeitsstudie für ein System zur Informationsbereitstellung und ganzheitlichen Bewertung in Echtzeit für Brückenbauwerke.* Berichte der Bundesanstalt für Straßenwesen, Brücken und Ingenieurbau B 105.

[12] Fischer, O. et al. (2022) *Wirklichkeitsnahe Beurteilung des Brückenbestands mit innovativer Sensorik - SpRK-Monitoring der Kreuzhofbrücken, München* in: Berger, J. [Hrsg.] *Innsbrucker Bautage 2022: Festschrift zum 60. Geburtstag von Univ.-Prof. Dr.-Ing. Jürgen Feix.* Innsbruck: Studia Universitätsverlag Innsbruck.

[13] Windmann, S. (2022) *Intelligente Brücke – Reallabor Intelligente Brücke im Digitalen Testfeld Autobahn.* Berichte der Bundesanstalt für Straßenwesen B, Brücken- und Ingenieurbau B178.

[14] Sousa, H.; Courage, W. (2022) *Value of information of a pro-active SHM-based tool supported by advanced FE models and Bayesian statistics towards efficiency in bridge management* in: Structure and Infrastructure Engineering 18, H. 4, S. 554–572. https://doi.org/10.1080/15732479.2021.1978507

[15] Haardt, P. et al. (2017) *Die intelligente Brücke im digitalen Testfeld Autobahn* in: Bautechnik 94, H. 7, S. 438–444. https://doi.org/10.1002/bate.201700035
[16] Kühne, J. et al. (2021) *Die Digitalisierung der Zustandsüberwachung von Windenergieanlagen und Brücken im Vergleich* in: Stahlbau 90, H. 2, S. 128–137. https://doi.org/10.1002/stab.202000093
[17] Morgenthal, G.; bim auf (2021) *Bauwerksprüfung gemäß DIN 1076 – Unterstützung durch (halb-)automatisierte Bildauswertung durch UAV (Unmanned Aerial Vehicles – Unbemannte Fluggeräte)*. Berichte der Bundesanstalt für Straßenwesen Brücken- und Ingenieurbau B171.
[18] BMVI (2021) *Masterplan BIM Bundesfernstraßen.*
[19] Nieborowski, S. et al. (2023) *Digitaler Zwilling Brücke im Betrieb – Mögliche Anwendungsfälle* in: Bautechnik 100, H. 2, S. 86–93. https://doi.org/10.1002/bate.202200089
[20] Oeser, M. et al. (2023) *Vom digitalen Zwilling zum digitalen Asset-Management* in: Curbach, M.; Marx, S. [Hrsg.] *Planung, Bauausführung, Instandsetzung und Ertüchtigung von Brücken: 32. Dresdner Brückenbausymposium : 31. Mai 2023*. Dresden: Technische Universität Dresden Institut für Massivbau.
[21] Morgenthal, G. et al. (2023) *Potenziale von Monitoringdaten in einem Lebenszyklusmanagement für Brücken – unveröffentlichter Bericht zu FE 69.0006. Veröffentlichung in Vorbereitung.*
[22] Bundesamt für Straßen (2005) *Richtlinie - Projektierung und Ausführung von Kunstbauten der Nationalstrassen.*
[23] Bundesamt für Straßen (2005) *Richtlinie Überwachung und Unterhalt der Kunstbauten der Nationalstrassen.*
[24] Transport Research Board (2019) *Primer on Bridge Load Testing* [online] [Zugriff am: 21. Apr. 2023].

Viel Information oder nur viele Sensoren? – Beispiel eines Brückenmonitorings mit FBG

Frank LEHMANN [1], Michael SCHREINER[1], Felipe Isamu HARGER SAKIYAMA [2]
[1] MPA Universität Stuttgart, Stuttgart
[2] Federal University of the Jequitinhonha and Mucuri Valleys (UFVJM), Teófilo Otoni, Brasilien

Kontakt E-Mail: frank.lehmann@mpa.uni-stuttgart.de

Kurzfassung

Die erfolgreiche Dauerüberwachung eines Bauwerks ist wesentlich von der Platzierung der richtigen Sensoren an den richtigen Stellen abhängig. Es gibt dafür keine allgemeingültige Lösung, da jedes Bauwerk und die spezifischen Fragestellungen unter den jeweiligen Randbedingungen unterschiedlich sind. Zur sicheren Detektion von Änderungen im Trag- oder Verformungsverhalten der überwachten Bauwerke werden tendenziell immer mehr Sensoren installiert, natürlich auch bedingt durch deren sinkenden Kosten. Eine intelligente Auswertung der Daten wird mit der steigenden Datenmenge zunehmend wichtiger, wobei sich die geforderte Intelligenz nicht nur auf die autonome Bewertung aller einzelnen Datensätze bezieht, sondern auch die Benachrichtigung der Verantwortlichen auf Grundlage relevanter Kriterien und Kombinationen davon.

An der Spannbetonbrücke einer Bundesstraße mit einer Hohlkörperplatte als Feldquerschnitt und Sigma-Stahl als Spanngliedern wurde ein quasi-verteiltes, faseroptisches Monitoringsystem mit weitspannenden Faser-Bragg-Gitter Sensoren (LGFBGS) installiert, um eine lückenlose Echtzeiterkennung von Tragwerksänderungen zu ermöglichen. Insbesondere wurde hierfür ein neuer Algorithmus entwickelt und eingesetzt, der alle Messdaten unmittelbar während der Laufzeit bewertet und nur bei einer Inzidenz mehrerer unabhängiger Indikatoren die Messdaten abspeichert und eine Benachrichtigung auslöst. Das Monitoringsystem kann damit äußerst sensitiv eingestellt werden, bei gleichzeitiger Reduktion der Fehlalarme auf ein Minimum.

Die hier vorgestellten Arbeiten wurde im Rahmen der Promotion des Autors Felipe I.H. Sakiyama ermöglicht und zeigt nur einen kleinen Ausschnitt der durchgeführten Analysen und Überlegungen zum Monitoring. Die vollständige Dissertation ist unter https://dx.doi.org/10.18419/opus-11681 frei verfügbar.

SHM Leistungsbewertung durch einen digitalen Zwilling

Alexander MENDLER[1]
[1] Technische Universität München, München
Kontakt E-Mail: alexander.mendler@tum.de

Kurzfassung. Die Leistungsbewertung ist ein systematisches Verfahren zur Untersuchung der Diagnostizierbarkeit von Bauwerksschäden. Die zugrundeliegende Frage ist, welche Schäden detektiert und welche nicht von Messrauschen und anderen Störgrößen unterschieden werden können. In bisherigen Studien erfolgt die Leistungsbewertung über empirische Studien und Laborexperimente, wobei die Auswertung erst nach Eintreten des Schadensereignisses erfolgt, z.B. über sogenannte Probability-of-Detection (POD) Kurven. Im Gegensatz dazu werden in diesem Beitrag POD Verfahren präsentiert, bei denen die Diagnostizierbarkeit vor Schadenseintritt bestimmt werden kann. Die Verfahren basieren auf Daten vom unbeschädigten Bauwerk und einem analytischen Modell des Prüfkörpers, wobei der minimal diagnostizierbare Schaden als relative Änderung in einer ingenieurstechnischen Bemessungsgröße angeben wird (z.B. Änderung im Material, Querschnittswerten oder Vorspannkräften). Die Verfahren eignen sich insbesondere für die Dauerüberwachung von einzigartigen Bauwerken, teuren Prüfkörpern und anderen Tragwerksstrukturen, die während der Fertigung nicht bis zum Versagen geprüft werden können. Im Artikel werden drei Verfahren für die Schadensdetektion, Lokalisation und Quantifizierung präsentiert und kritisch diskutiert.

1. Einführung

In der Medizin existieren klare Standards für die Leistungsbewertung von diagnostischen Tests. Für PCR[1]-Tests (für SARS-CoV-2) zum Beispiel liegt die Detektionswahrscheinlichkeit bei ca. 98%. Das bedeutet, dass in 98 von 100 Fällen der Virus erkannt wird, wenn er im Organismus vorliegt. Gleichermaßen könnte die Leistung von SHM[2] Systemen bewertet werden. Allerdings stellen Ingenieursbauten wie Brücken, Windkraftanlagen und anderen Kraftwerke Unikate dar und deshalb können die Erkenntnisse von einem Bauwerk nicht ohne Weiteres verallgemeinert werden. Außerdem sind Daten von beschädigten Bauwerken selten vorhanden und es gibt es eine Vielzahl von möglichen Schadensszenarien. Zur Leistungsbewertung müssten Struktur-spezifische Methoden entwickelt werden, die keine Daten von beschädigten Bauwerken benötigen. In diesem Beitrag werden drei Verfahren vorgestellt, die zu einer „prädiktiven" Leistungsbewertung eingesetzt werden können, auch bekannt als P-POD[3], P-POL[4] und P-POQ[5] Verfahren, wobei digitale Zwillinge eine zentrale Rolle spielen.

[1] Polymerase chain reaction (PCR)
[2] Structural health monitoring (SHM)
[3] Predictive probability of detection (P-POD)
[4] Predictive probability of localization (P-POL)
[5] Predictive probability of quantification (P-POQ)

Nach heutigen Verständnis ist SHM eine Unterdisziplin der zerstörungsfreien Prüfung (ZfP). Charakteristische Merkmale sind, dass Sensoren meist über einen längeren Zeitraum am Bauwerk verbleiben und die Datenauswertung automatisch und online erfolgen kann. Des Weiteren werden globale Systemantwortgrößen (wie Resonanzfrequenzen) ausgewertet, um Rückschlüsse auf lokale Schadensereignisse zu ziehen. Die Datenverarbeitungskette besteht aus vier Einzelschritten: Zuerst werden Messdaten am Bauwerk erhoben und zu Monitoringgrößen weiterarbeitet (statistische Werte, Modalparameter, Zeitreihenmodelle, etc.). Anschließend wird der Einfluss von Umweltfaktoren aus den Monitoringgrößen herausgerechnet und die dabei entstehenden Residuen statistisch ausgewertet [1]. Die Auswertung der Residuen unterteilt sich wiederum in eine Schadensdetektion, -lokalisierung, -quantifizierung und eine Abschätzung der Restlebensdauer [2]. Die Schadensdiagnose ist konsekutiv, da eine Lokalisierung nicht stattfinden kann ohne den Schaden zu detektieren. Gleichmaßen sollte die Leistungsbewertung nicht nur für lokale Detektionsverfahren, sondern auch für globale Verfahren zu Lokalisierung und Quantifizierung erfolgen. Wie im folgenden Absatz beschrieben, gibt es hierfür aber wenige geeignete Verfahren.

Standardverfahren zur Bestimmung der POD beinhalten die *29/29 Methode* nach Rummel [3] und die *hit/miss Methode* nach Berens [4]. Bei der 29/29 Methode werden 29 Tests an beschädigten Prüfkörpern durchgeführt und die Detektionsverfahren als zuverlässig bewertet, wenn in allen 29 Fällen der Schaden detektiert wird. Die hit-miss Methode ist ebenfalls eine binäre Detektionsmethode, wobei eine kontinuierliche POD Kurve über Regressionsansätze erzeugt werden kann. In der Regel nimmt die POD mit zunehmendem Schadensausmaß zu und deshalb wurden Methoden wie die *$\hat{a}$ vs. a Methode* nach Berens [5] entwickelt, die bis heute ein Industriestandard ist. Die Methoden basieren auf der Annahme, dass der Zusammenhang zwischen dem Schadensindikator und dem Schadensausmaß linear ist. In vielen Fällen wird die Funktion auf semi-logarithmischen oder log-log Skalen dargestellt, sodass sich die Funktion durch eine Gerade annähern lässt. POD Modelle wie die *linear-mixed-effects* Methode nach Kabban [6] und Kessler [7] nähern den Zusammenhang über mehrere Geraden mit variablem y-Achsenabschnitt und variablen Steigungen an. Um Messfehler und die Passgenauigkeit des Regressionsmodells zu berücksichtigen, werden Konfidenzintervalle berechnet, die die Streuung im Datensatz durch das Regressionsverfahren propagieren und anschließend auf die POD Kurve projizieren. Ein konservatives Ergebnis für die Leistungsbewertung kann dadurch sichergestellt werden, dass lediglich die untere Grenze des 95% Konfidenzintervalls angegeben wird. Ein typisches Analyseergebnis lautet dann wie folgt: Die 90/95 POD ist 2 mm. Das bedeutet, dass eine POD von 90% als ausreichend angesehen wird und bei einem Konfidenzintervall von 95% zu einem minimal detektierbaren Schaden von 2 mm führt, siehe Abb. 1. Alternativ könnte man die POD Kurve auch so interpretieren, dass man das zu erwartende Schadensausmaß auf der x-Achse anträgt und anschließend die entsprechende POD auf der y-Achse ausliest.

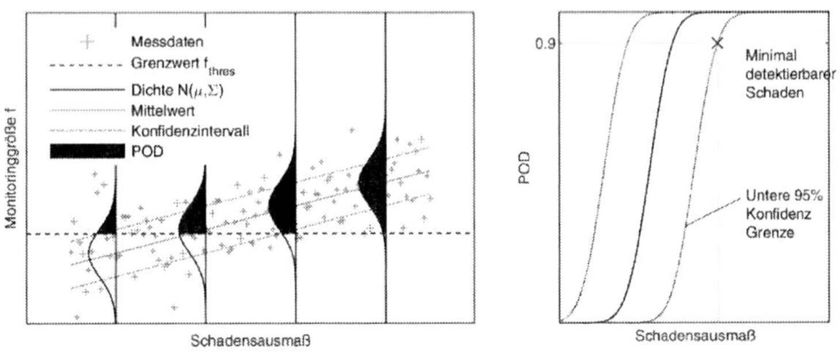

Abb. 1. POD Kurve mit 95% Konfidenzintervall.

Alle oben genannten Methoden benötigen zwischen 30 und 60 [8] Datensätze von beschädigten Bauteilen. Ja nach Autor werden für die treffsichere Bestimmung von Konfidenzintervallen bis zu 300 Datensätze gefordert [9]. Folglich sind die Methoden nur anwendbar, wenn entsprechende Kalibrierkörper oder vorbeschädigte Bauteile vorliegen oder ausführliche Testreihen durchgeführt werden, bei denen die Bauteile absichtlich beschädigt werden. Außerdem schließt es die Anwendung auf Brücken, Windkraftanlagen und andere Kraftwerke aus, da der damit verbundene Aufwand und die Kosten nicht vertretbar sind. Die Anzahl der Prüfkörper kann dadurch verringert werden, dass a priori Wissen über die Verteilungsgrößen berücksichtigt werden, zum Beispiel über Bayes'sche Methoden [10-12]. Alternativ kann auf *model-assisted POD (MAPOD)* Methoden zurückgegriffen werden [13], wobei die Systemantwortgrößen über numerische Modelle simuliert werden und mit den Messrauscheigenschaften aus experimentellen Messungen überlagert werden. Dennoch eignen sich MAPOD Methoden nur bedingt für den Einsatz in SHM, da die Messgrößen einzeln ausgewertet werden, bei Bauwerken in der Regel aber mehrere Messgrößen (Dehnung, Durchsenkungen, Schwingungen) oder Monitoringgrößen (statistische Werte, Modalparameter, Zeitreihengrößen) gleichzeitig auszuwerten sind. Zudem werden mehrere Strukturparameter gleichzeitig untersucht (Materialkennwerte, Vorspannkräfte, Lagerbedingungen), aber keine der existieren POD Methoden eignet sich für die Leistungsbewertung von Methoden zur Schadenslokalisierung in einzelnen Parametern oder zur Schadensquantifizierung.

Ziel dieses Artikels ist es, die methodischen Fortschritte im Zeitraum 2021 bis 2023 zusammenzufassen und drei Methoden vorzustellen, die für die prädiktive Leistungsbewertung für SHM über POD Kurven geeignet sind. Ein essenzieller Bestandteil der vorgestellten Methoden sind digitale Zwillinge und deshalb definiert Kapitel 2, was in diesem Beitrag unter dem Begriff verstanden wird. Anschließend werden Verfahren zur Leistungsbewertung von Detektion [14, 15] (Kapitel 3), Lokalisation [16, 17] (Kapitel 4) und Quantifizierung [18] (Kapitel 5) von Schäden vorgestellt, die sogenannte P-POD, P-POL[4] und P-POQ[5] Methoden. Für jede Methode werden entsprechende Anwendungsbeispiele aus dem Bereich ZfP oder SHM genannt. Die mathematischen Formeln sind bewusst auf ein Minimum reduziert und weitere Details können den zitierten Artikeln entnommen werden. Abschließend werden alle drei Methoden kritisch diskutiert (Kapitel 6).

2. Grundlagen zu Digitalen Zwillingen

In diesem Kapitel wird klargestellt, was in diesem Beitrag unter dem Begriff des digitalen Zwillings verstanden wird. Ein digitaler Zwilling weist die folgenden drei Bestandteile auf:

- Ein digitales Modell, das aus Strukturparametern Messdaten erzeugt.
- Eine fortlaufende Messdatenerfassung am realen Bauwerk.
- Dynamische Rückkopplungsmodelle zwischen den Messdaten und dem Modell.

Digitale Modelle beschreiben den Effekt von Material- oder Strukturparameteränderungen auf Messgrößen. Klassische Beispiele sind numerische Tragwerksmodelle, die physikalische Gesetzmäßigkeiten berücksichtigen (wie zum Beispiel finite Elemente Methoden). Gleichermaßen könnten physikalische Wellengleichungen herangezogen werden, die die Ausbreitung, Abschwächung, oder Reflexion von mechanischen oder elektromagnetischen Wellen durch Materialkennwerte wie die Dichte, E-Modul oder Permittivität beschreiben. Alternativ könnte sich hinter dem digitalen Modell ein rein datengetriebenes Modell befinden, das benutzerdefinierte Strukturparameter in entsprechende Messgrößen verwandelt ohne jegliches Vorwissen zu den physikalischen Gesetzmäßigkeiten zu berücksichtigen (Zustandsraummodelle, ARMA[6] Modelle). Schließlich seien jegliche Form von Metamodellen und Surrogatmodellen zu nennen, die Input- auf Output-Parameter projizieren (PCE[7] Modelle, neuronale Netze). Ob und in welchem Ausmaß ein digitaler Zwilling eine grafische Benutzeroberfläche mit 3-D Visualisierungen besitzt, ist für die in diesem Beitrag vorgestellten Methoden nicht relevant.

Messdaten vom realen Bauwerk umfassen hauptsächlich Sensor-basierte Messdaten, darunter Systemantwortgrößen (Dehnungen, Durchsenkungen, Kraftzustände), Umweltfaktoren (Temperatur, Feuchte, Wetter), Lastzustände (Verkehr, Wind, Füllzustände) und andere Variablen, die Betriebszustände beschreiben (Heizung, Elektrizität). Außerdem können virtuelle Sensoren eingesetzt werden, die Messgrößen an nicht-zugänglichen Stellen aufzeichnen, sowie Metadaten, die den Zustand und Status von Sensoren beschreiben. Die Messdaten werden fortlaufend aufgezeichnet und repräsentieren den IST-Zustand des Bauwerkes.

Dynamische Rückkopplungsmodelle beschreiben eine Reihe an Verfahren, die die Wechselwirkung zwischen Messdaten und digitalen Modellen beschreiben und dafür Sorge tragen, dass das Modell die gleichen Messgrößen erzeugt wie das Prüfobjekt, in dem die Struktur- und Materialparameter aktualisiert werden. Typische Beispiele sind Model Updating Verfahren, wie zum Beispiel Sensitivity-based Model Updating, Interval Updating, oder Fuzzy-based Model Updating. Des Weiteren zählen hierzu Verfahren für das Bayes'sches Model Updating und weitere Bayes'sche Tests. Schließlich sind parametrisierte Hypothesentest zu nennen sowie andere Verfahren der statistischen und parametrisierten Inferenz.

Die Wechselwirkung der drei Bestandteile sind in Abb. 2 schematisiert. Das dynamische Rückkopplungsverfahren (graue Box) nimmt eine zentrale Rolle ein, da es simulierte und reale Mess- und Monitoringgrößen vergleicht und unter Verwendung des Gleichungssystems Rückschlüsse auf die Strukturparameter zieht. In manchen Fällen ist es nicht notwendig, simulierte Messgrüßen zu simulieren (gestrichelte Linie). Vom realen Bauwerk sind lediglich die Messdaten verfügbar und keine Information zu den tatsächlichen Strukturparametern, wie zum Beispiel der Vorspannkraft N in Seilen einer Schrägseilbrücke, siehe Abb. 2.

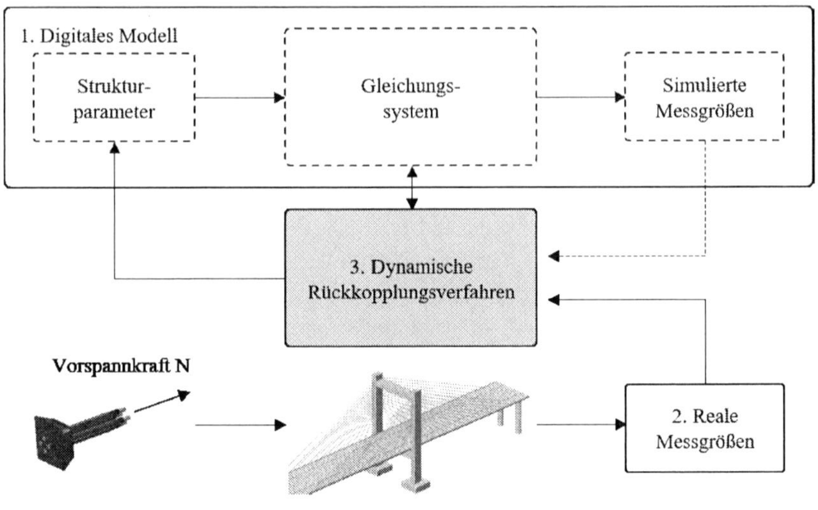

Abb. 2. Die drei Bestandteile eines digitalen Zwillings.

[6] Auto regressive moving average (ARMA)
[7] Polynomial chaos expansion (PCE)

3. P-POD Kurven

Die P-POD beschreibt die Detektionswahrscheinlichkeit von Schäden bevor diese zum ersten Mal in Erscheinung treten. Die POD nimmt mit zunehmendem Schadensausmaß zu und deswegen wird die Detektionswahrscheinlichkeit in sogenannten POD Kurven über einer Parameteränderung angetragen, siehe Abb. 3. Die Darstellung erweckt den Eindruck, dass Schäden quantifiziert werden können, jedoch sind die vorgestellten statistischen Verfahren weder in der Lage, die Position des Schadens, noch die Art oder die Schwere zu beurteilen.

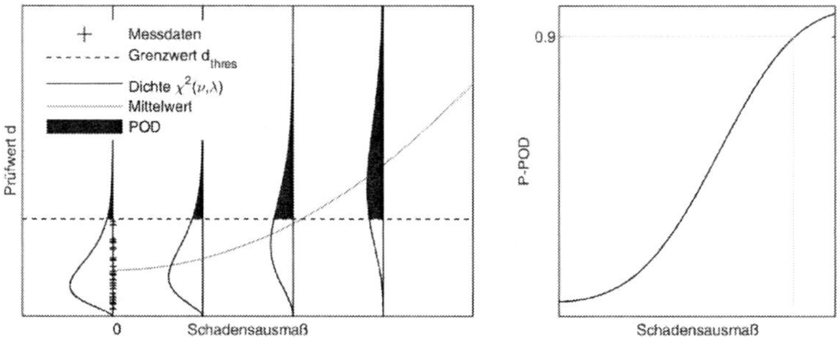

Abb. 3. P-POD Kurven nach Mendler et al. [15]

3.1. Methodik

Die erste Methode zur prädiktiven Beurteilung der POD basiert auf sogenannten asymptotischen lokalen Verfahren [19]. Eine Grundannahme ist, dass die Monitoringgrößen $\boldsymbol{f} \in \mathbb{R}^{N_f}$ bzw. die Residuen $\boldsymbol{r} = \sqrt{N}(\boldsymbol{f} - E[\boldsymbol{f}^0])$ normalverteilt sind. Anschließend werden statistischen Tests angewandt, ähnlich der Mahalanobis Distanz, um die Wahrscheinlichkeit eine Änderung in Material- oder Strukturparametern zu bestimmen. Genauer gesagt wird der Likelihood-Quotienten-Test angewandt, der die Wahrscheinlichkeit von Parameteränderungen ins Verhältnis setzt zu der Wahrscheinlichkeit, dass keine Parameteränderungen aufgetreten sind. Der Diagnosetest d ist definiert als [20]

$$d = \boldsymbol{r}^T \boldsymbol{\Sigma}^{-1} \boldsymbol{\mathcal{J}}^T (\boldsymbol{\mathcal{J}}^T \boldsymbol{\Sigma}^{-1} \boldsymbol{\mathcal{J}})^{-1} \boldsymbol{\mathcal{J}}^T \boldsymbol{\Sigma}^{-1} \boldsymbol{r}, \tag{1}$$

wobei $\boldsymbol{\Sigma} \in \mathbb{R}^{N_r \times N_r}$ die Kovarianzmatrix der Monitoringgrößen ist, welche die Unsicherheit in der Bestimmung der Residuen beschreibt (den Messfehler), und $\boldsymbol{\mathcal{J}}_h = \partial E[\boldsymbol{r}]/\partial \boldsymbol{\theta} \in \mathbb{R}^{N_f \times N_p}$ die Jacobimatrix, welche die Ableitung der Residuen mit Bezug auf Strukturparameter beschreibt und aus dem digitalen Zwilling abgeleitet werden kann. Da die Residuen einer gewissen Streuung unterliegen, $\boldsymbol{r} \sim \mathcal{N}(\boldsymbol{\mu}, \boldsymbol{\Sigma})$, streut auch der Test d. Da er eine normalverteilte Monitoringgröße $\boldsymbol{r}$ quadriert, folgt der Test einer Chi-Quadratverteilung $d \sim \chi^2(\nu, \lambda)$ mit ν Freiheitsgraden. Zur Schadensdetektion wird das Testergebnis mit einem Grenzwert verglichen, der auf Grundlage der Testverteilung im Normalzustand festgelegt wurde. Unter der Annahme, dass ein Schaden über eine einzige Parameteränderung modelliert werden kann, ergibt sich die mittlere Testreaktion λ mathematisch zu [14]

$$\lambda = (\theta_h - \theta_h^0)^2 N \cdot F_h, \qquad F_h = \boldsymbol{\mathcal{J}}_h^T \boldsymbol{\Sigma}^{-1} \boldsymbol{\mathcal{J}}_h, \tag{2}$$

wobei $\theta_h - \theta_h^0$ eine potenzielle Änderung in einem Strukturparameter θ_h von seinem Referenzwert beschreibt und N die Anzahl an Datenpunkte, die für die Bestimmung des Residuums verwendet wurde. Die POD hängt unmittelbar von der Testreaktion λ ab und da die Testreaktion vorhergesagt werden kann, kann auch die POD vorhergesagt werden, wobei

$$\mathrm{POD} = \Pr(d > d_{thres}). \tag{3}$$

3.2. Anwendung

Das Verfahren wurde bereits im Bereich SHM und ZfP angewendet. Unter anderem wurde gezeigt, dass die Detektierbarkeit von Masseänderungen durch Änderungen in den Eigenfrequenzen und Eigenformen [15] vorhergesagt werden kann. Außerdem wurde gezeigt, dass die Detektierbarkeit von Dickenänderungen in Prüfteilen durch Laufzeitverfahren wie luftgekoppelte Ultraschallverfahren vorhergesagt werden kann, genauso wie Änderungen im Bohrlochdurchmesser mithilfe von Ultraschallverfahren [23].

4. P-POL Kurven

P-POL Kurven ähneln P-POD Kurven, da beide Verfahren die Wahrscheinlichkeit über Parameteränderungen darstellen, siehe Abb. 4. Allerdings folgt der Diagnosetest einer anderen Verteilung, da die Parameter einzeln getestet werden, und die Interaktion der Parameter untereinander berücksichtigt werden muss. Ähnlich wie P-POD Kurven, geben P-POL Kurven keinerlei Informationen darüber, ob der Strukturparameter zu- oder abnimmt.

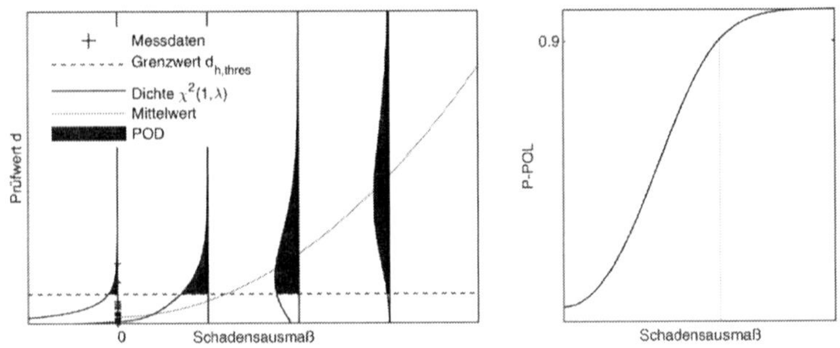

Abb. 4. P-POL Kurven nach Mendler et al. [16]

4.1. Methodik

Eine mögliche Methode zur prädikativen Beurteilung der Lokalisierungswahrscheinlichkeit beruht auf statistischen Hypothesentest, ähnlich zu denen in Gl. (*1*). Allerdings wird nun die Wahrscheinlichkeit evaluiert, dass sich ein einziger Parameter geändert hat [21]

$$d_h = \boldsymbol{r}^T \boldsymbol{\Sigma}^{-1} \boldsymbol{\mathcal{J}}_h^T (\boldsymbol{\mathcal{J}}_h^T \boldsymbol{\Sigma}^{-1} \boldsymbol{\mathcal{J}}_h)^{-1} \boldsymbol{\mathcal{J}}_h^T \boldsymbol{\Sigma}^{-1} \boldsymbol{r}, \tag{4}$$

wobei $\boldsymbol{\mathcal{J}}_h$ die Spalte in der Jacobimatrix ist, die die Ableitung des Residuums mit Bezug auf Parameter θ_h angibt. Die Lokalisierungswahrscheinlich ist wie folgt definiert

$$\mathrm{POL} = \Pr\left(d_h > d_{h,thres}\right). \tag{5}$$

Wenn die Wahrscheinlichkeit für alle Strukturparameter bestimmt wurde, kann die Art des Schadens und der Ort über den Parameter bestimmt werden, der die signifikanteste Testreaktion jenseits des Grenzwertes aufweist. Alternativ ist es möglich, die Wahrscheinlichkeit, dass sich ein Parameter geändert hat, ins Verhältnis zu setzen zu der Wahrscheinlichkeit, dass sich „irgendein anderer" Parameter geändert hat. Dieser Test führt in der Regel zu einer höheren Auflösung und ist bekannt als MinMax Lokalisierungstest [21]. Numerische Probleme können auftreten, wenn Änderungen in mehreren Parametern eine ähnliche Veränderung in Mess- oder Monitoringgrößen verursachen. In diesem Fall spricht man von schlecht konditionierten Problemen, die nur über numerische Regularisierung gelöst werden können. Beispiele für solche Methoden finden sich in der Literatur [17].

4.2. Anwendung

Beispielhafte Anwendungen finden sich im Bereich SHM. Es konnte zum Beispiel gezeigt werden, dass die Informationen aus Eigenformen eines sechsstöckigen Gebäudes eignen, um POL Kurven für Steifigkeitsänderungen in den vertikalen Tragelement einzelner Stockwerken zu konstruieren und zu validieren [16].

5. P-POQ Kurven

Wie in der Einleitung erwähnt, ist die Schadensdiagnose konsekutiv in dem Sinne, dass eine Schadensquantifizierung nicht ohne eine vorherige Lokalisierung und eine Lokalisierung nicht ohne eine vorherige Detektion erfolgen kann. Dementsprechend sind P-POQ Kurven die aussagekräftigsten Werkzeuge zur Leistungsbewertung von SHM Systemen, da Sie Auskunft über die Position und das Vorzeichen der Parameteränderungen geben.

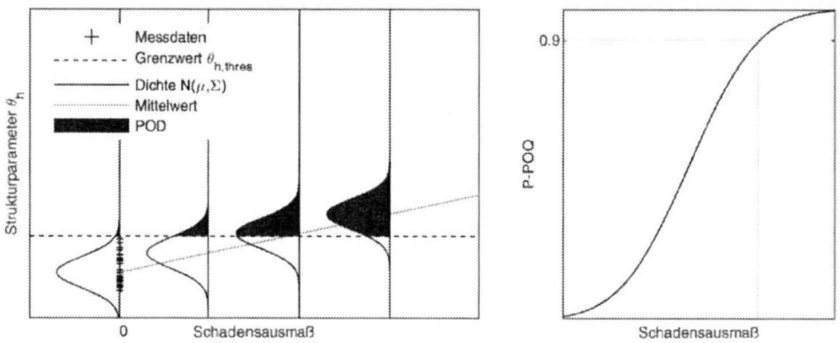

Abb. 5. P-POQ Kurven nach Marsili et al. [18].

5.1. Methodik

Eine mögliche Methode zur Bestimmung von P-POQ Kurven wurde auf Grundlage von Bayes'schen Updating entwickelt [18]. Bayes'sche Verfahren eignen sich zur Lösung von inversen Problemstellungen. Ähnlich wie bei statistischen Hypothesentests, können Schäden diagnostiziert werden, indem auf Grundlage der a priori Verteilung Grenzwerte festgesetzt werden und die mit Messdaten aktualisierte (a posteriori) Verteilung mit den Grenzwerten verglichen wird. Die a posteriori Verteilung $\pi_{\theta'}$ bestimmt sich durch [22]

$$\pi_{\theta'} = \frac{L(\boldsymbol{\theta})\,\pi_\theta(\boldsymbol{\theta})}{\int L(\boldsymbol{\theta})\pi_\theta(\boldsymbol{\theta})}, \quad L(\boldsymbol{\theta}) = \prod_i \pi_{e_i}(f_i - G(\theta)) \tag{6}$$

wobei π_θ die a priori Verteilung ist, $L(\boldsymbol{\theta})$ die Likelihood Funktion, f_i die gemessene Monitoringgröße, $G(\theta)$ die aus dem digitalen Modell generierte und π_{e_i} die Verteilung des Messerrors. Mithilfe von Kalman Filtern ist es möglich, die Kovarianz der a posteriori Verteilung vorherzusagen, ohne Messgrößen im beschädigten Zustand zu messen. Die Kovarianz der aktualisierten Parameter $\boldsymbol{C}_{\theta'}$ berechnet sich aus

$$\boldsymbol{C}_{\theta'} = (\boldsymbol{I} - \boldsymbol{KH})\boldsymbol{C}_\theta, \qquad \boldsymbol{K} = \boldsymbol{C}_{\theta Y}(\boldsymbol{C}_Y + \boldsymbol{C}_E)^{-1}, \tag{7}$$

wobei $\boldsymbol{C}_Y$ die Output Kovarianz ist, $\boldsymbol{C}_E$ die Kovarianz des Messerfehlers und $\boldsymbol{C}_{\theta Y}$ die gemeinsame Kovarianz, die aus dem digitalen Zwilling abgeleitet werden kann. Nachdem die Streuung in beiden Zuständen bestimmt werden kann, kann die POQ in Abhängigkeit von Änderungen im Mittelwert des Strukturparameters beschrieben werden,

$$\text{POQ} = \Pr(\theta > \theta_{thres}). \tag{8}$$

5.2. Anwendung

Das Verfahren wurde bereits an mehreren numerischen Fallstudien validiert [18]. Beispielhaft wurde gezeigt, dass die Wahrscheinlichkeit, Masseänderungen an Offshore Fachwerk-Türmen zu quantifizieren, mithilfe von Neigungssensoren analysiert werden kann. Außerdem können Steifigkeitsänderungen in Brücken mithilfe von Modalparameteränderungen untersucht und die POQ korrekt bestimmt werden.

6. Diskussion

In den vorherigen Kapiteln wurde Verfahren zur Bestimmung der P-POD, P-POL und P-POQ präsentiert. Während die Grundidee und die zugrunde gelegten Annahmen für alle Verfahren ähnlich sind, unterscheiden Sie sich hauptsächlich in der Definition der POD.

Die Grundidee der prädiktiven Leistungsbeschreibung ist Folgende: Als Erstes wird die Wahrscheinlichkeitsdichtefunktion der Monitoringgröße für den unbeschädigten Prüfkörper parametrisch definiert, zum Beispiel über eine Normalverteilung $\mathcal{N}(\mu, \Sigma)$ mit einem Parameter für den Mittelwert μ und Kovarianz Σ oder eine Chi-Quadrat-Verteilung $\chi^2(\nu, \lambda)$ mit ν Freiheitsgraden und Nicht-Zentralität λ. Zweitens wird die Wahrscheinlichkeitsdichte im beschädigten Zustand durch mathematische Überlegungen (anstelle von Messungen) definiert und die Verschiebung von repräsentativen Dichteparametern, wie dem Mittelwert, über Änderungen in Strukturparametern beschrieben. Für diesen Prozess ist ein digitaler Zwilling notwendig. Dann wird ein Grenzwert eingeführt, mithilfe dessen die zwei Verteilungen unterschieden werden und die POD wird als Überschreitungswahrscheinlichkeit definiert. Schließlich wird die Verschiebung im Mittelwert umgerechnet in die entsprechende POD und damit ein mathematischer Zusammenhang hergestellt zwischen zukünftigen Parameteränderungen und der POD.

Unterschiede in den Methoden ergeben sich vor allem in der Bezugsgröße für die POD Definition. In traditionellen POD Methoden werden die Monitoringgröße f direkt mit einem Grenzwert f_{thres} verglichen und die POD wird definiert als die Wahrscheinlichkeit, dass der Grenzwert überschritten wird. Für P-POD und P-POL Methoden wird die POD für statistische Diagnosewerte d und d_h (und nicht Monitoringgrößen definiert) und für P-POQ Methoden wird die POD auf Grundlage von physikalischen Strukturparametern θ_h definiert. Ein weiterer Unterschied liegt in der Betrachtung von Messunsicherheiten. Während die Messunsicherheiten für traditionelle Methoden über Konfidenzintervalle beschrieben werden, berücksichtigen prädiktive POD Methoden den Messfehler explizit über die Kovarianzmatrix Σ bei der Generierung von Diagnosewerten, siehe Gl. (1), (4) und (7), auf Basis dessen die POD definiert wird. Bei perfekten digitalen Zwillingen weist das Konfidenzintervall eine Breite von null auf. Modellbasierte Unsicherheiten im digitalen Zwilling könnten aber über Konfidenzintervalle beschrieben werden [15].

Viele Grundannahmen der Methoden sind identisch und unterscheiden sich kaum von traditionellen Methoden. Alle Methoden gehen von normalverteilten Monitoringgrößen aus und linearen Systemen, die den Zusammenhang zwischen gemessenen Monitoringgrößen und Strukturparametern beschreiben. Mehrere Studien haben gezeigt [15, 18], dass die Verfahren ebenso auf nicht-lineare Systeme angewandt werden können, da die POD in der Regel 100% übersteigt bevor die Abweichung zwischen linearisierter und tatsächlicher Kurve maßgebend wird. Eine weitere Annahme ist, dass die Kovarianz (der Messfehler) der Monitoringgrößen unverändert bleibt, auch über verschiedene Schadenszustände hinweg. Diese Annahme sollte für jede Anwendung kritisch hinterfragt werden. Abschließend sollte erwähnt werden, dass die genannten Annahmen nicht nur auf prädiktive POD Kurven zutreffen, sondern auch auf alle traditionellen POD Kurven. Damit sind sie nicht als Einschränkung zu sehen.

Wie im Artikel mehrmals erwähnt, ist die Schadensdiagnose ein konsekutiver Prozess, da eine Schadensquantifizierung nicht ohne eine Lokalisierung und eine Lokalisierung nicht ohne vorherige Detektion stattfinden kann. Dementsprechend sind P-POQ Kurven die aussagekräftigsten Werkzeuge zur Leistungsbewertung von SHM Systemen, da sie Auskunft über die Position und das Vorzeichen der Parameteränderungen geben. Ein Nachteil der vorgestellten P-POQ Methode ist allerdings, dass alle Diagnoseschritte in einer Verfahren vereint sind und damit die methodenspezifischen Herausforderungen, die z.B. bei Lokalisierung von überbestimmten Problemen auftreten, nur schwer separiert werden können. Statistische Hypothesentests hingegen erlaubten eine Unterteilung in Detektion und Lokalisierung und selbst wenn eine Lokalisierung nicht gelingt, ist die korrekte Detektion dadurch nicht gefährdet. Deshalb ist es dringend notwendig, weitere P-POQ Verfahren zu entwickeln, die eine schrittweise Diagnose zulassen.

Referenzen

[1] Farrar CR and Worden K. Structural health monitoring: a machine learning perspective. Oxford, United Kingdom: Wiley, 2012.

[2] A. Rytter, Vibrational Based Inspection of Civil Engineering Structures (Ph.D. Thesis), Aalborg University, Aalborg, 1993.

[3] Rummel WD, Christner BK, Mullen SJ, et al. Characterization of structural assessment testing. Technical report, SAALC/MMEI/1/86, January 1986.

[4] Berens AP and Hovey PW. Evaluation of NDE reliability characterization. Technical report Volume I, University of Dayton Research Institute, Dayton, OH, 1981

[5] Berens A and Hovey P. Flaw detection reliability criteria. Volume 1. Methods and results. Technical report, University of Dayton University Research Institute, Dayton, OH, 1984.

[6] Schubert Kabban CM, Greenwell BM, DeSimio MP, et al. The probability of detection for structural health monitoring systems: repeated measures data. Structural Health Monitoring 2015; 14(3): 252–264.

[7] Kessler SS, Dunn CT, Swindell P, et al. Detection sensitivity analysis for a potential drop (PD) structural health monitoring (SHM) system. In: Proceedings of the 12th International Workshop on Structural Health Monitoring. Stanford, United States: DEStech Publications, Inc.

[8] Annis C, Gandossi L and Martin O. Optimal sample size for probability of detection curves. Nuclear Engineering and Design 2013; 262: 98–105.

[9] Abdessalem AB, Jenson F, and Calmon P. Quantifying uncertainty in parameter estimates of ultrasonic inspection system using Bayesian computational framework. Mechanical Systems and Signal Processing 2018; 109: 89–110.

[10] Knopp J, Grandhi R, Zeng L, et al. Considerations for statistical analysis of nondestructive evaluation data: hit/miss analysis. E-Journal of Advanced Maintenance 2012; 4(3): 105–115.

[11] Abdessalem AB, Jenson F and Calmon P. Quantifying uncertainty in parameter estimates of ultrasonic inspection system using Bayesian computational framework. Mechanical Systems and Signal Processing 2018; 109: 89–110.

[12] Aldrin JC, Knopp JS, and Sabbagh HA. Bayesian methods in probability of detection estimation and model assisted probability of detection evaluation. In: AIP conference proceedings, Denver, United States, 15–20 July 2012, Vol. 1511, pp.1733–1740.

[13] Thompson RB, Brasche LJ, Lindgren E, et al. Recent advances in model-assisted probability of detection. In: 4th European-American workshop on reliability of NDE, Berlin, Germany.

[14] Mendler A, Döhler M, Ventura CE, A reliability-based approach to determine the minimum detectable damage for statistical damage detection, *Mechanical Systems and Signal Processing*. 154 (2021) 107561.

[15] Mendler A, Döhler M, and Grosse CU. Predictive probability of detection curves based on data from undamaged structures. *Structural Health Monitoring* 2023, 14759217231193088.

[16] Mendler A, Greś S, Döhler M, and Keßler S.. On the probability of localizing damages based on mode shape changes. In: European Workshop on Structural Health Monitoring (pp. 233-243), Palermo, Italy, June 2022, Cham: Springer International Publishing.

[17] Mendler A, Döhler M, Ventura CE, Mevel L. Localizability of damage with statistical tests and sensitivity-based parameter clusters, Mechanical Systems and Signal Processing (2023), 204, 110783.
[18] Marsili F, Mendler A, Landi F, and Kessler S. Minimum detectable changes based on linear Bayesian filters. Mechanical Systems and Signal Processing 2023, 202, 110656.
[19] Benveniste A, Basseville M, and Moustakides G. The asymptotic local approach to change detection and model validation. IEEE Transactions on Automatic Control 1987, 32(7):583-592.
[20] Basseville M, Abdelghani, M, and Benveniste, A. Subspace-based fault detection algorithms for vibration monitoring. Automatica 2000, 36(1):101-109.
[21] Basseville M, Mevel L, and Goursat M. Statistical model-based damage detection and localization: Subspace-based residuals and damage-to-noise sensitivity ratios. Journal of Sound and Vibration 2004, 275(3-5):769-794.
[22] Chiachío-Ruano J, Chiachío-Ruano M, Sankararaman S. Bayesian Inverse Problems. Boca Raton, London, New York. CRC Press, 2021.
[23] Menéndez Orellana AE, Mendler A, Schmid S, Grosse CU. Predictive Probability of Detection Curves for Ultrasonic Testing. Unter Begutachtung bei Ultrasonics.

UACIS - Entwicklung eines drohnenbasierten Systems für die zerstörungsfreie Bauwerksdiagnostik

Claudia THURNHERR [1], Aurélia MULLER [1], Daniel ALGERNON [1]
[1] SVTI Schweizerischer Verein für technische Inspektionen, Wallisellen, Schweiz
Kontakt E-Mail: claudia.thurnherr@svti.ch

Kurzfassung. Das Vorhaben Uncrewed Aerial Concrete Inspection System (UACIS) steht für die Einführung moderner und höchst leistungsfähiger Drohnentechnologie in die Zerstörungsfreie Prüfung im Bauwesen (ZfPBau). Drohnen werden als Schlüssel zu Effizienz und Effektivität in der Zerstörungsfreien Prüfung (ZfP) identifiziert.

Ziel der Entwicklung ist die Anwendung des Systems auf Infrastrukturbauten ebenso wie auf Tragwerke in der Energietechnik. Insbesondere Brücken, Containments oder Kühltürme stehen aufgrund ihrer Altersstruktur, Exposition und begrenzten Zugänglichkeit im Fokus der Bauwerksuntersuchungen.

Neben der kontaktlosen Inspektion wird das Drohnensystem zusätzlich in der Lage sein, mechanische Anpresskräfte auf Bauteiloberflächen in fast beliebiger Orientierung aufzubringen. Sonst nur schwer zugängliche Bereiche werden so auch für Kontaktprüftechniken erschlossen und ökonomisch prüfbar. Die zusätzliche Einbindung innovativer Technologien wie insbesondere der Künstlichen Intelligenz trägt neben der Kombination verschiedener Prüfverfahren an einer Drohne dazu bei, vorausschauend instand zu setzen und damit die Lebensdauer relevanter Bauwerksstrukturen zu maximieren.

Einführung

Regelmäßige technische Inspektionen sind für den Erhalt der Infrastruktur von großer Bedeutung. Insbesondere ist es wichtig, Fehlstellen, Fertigungsfehler oder Defekte, die sich im Laufe der Lebensdauer einer Struktur bilden, rechtzeitig zu erkennen, bevor die Sicherheit nicht mehr gewährleistet ist. Entsprechend steigt die Nachfrage nach zuverlässigen Tools für die Strukturdiagnostik im Bauwesen [1]. Im Gebiet der zerstörungsfreien Prüfung (ZfP) im Bauwesen (ZfPBau) stehen diverse moderne Verfahren zur Verfügung, um solche Inspektionen und Analysen durchzuführen wie z.B. Ultraschall, Bodenradar oder Impact-Echo [2], [3]. Viele Teile der Infrastruktur im Bauwesen sind aufgrund ihrer Höhe schwer zugänglich für Inspektionen. Dazu zählen zum Beispiel Brücken, Türme oder Containments. Klassische Ansätze, um dieses Problem zu überwinden, wie der Einsatz von Gerüsten, Hebebühnen oder Industriekletterern, sind kostenintensiv und aufwändig und stellen ein erhöhtes Risiko für das inspizierende Personal dar. Daher ist die Idee der aktuellen Arbeit, zerstörungsfreie Kontaktprüfung mit moderner Drohnentechnologie zu verbinden, um Inspektionen in großer Höhe robotergestützt und fliegend durchführen zu können.

Einige Schlüsselaspekte der drohnengestützten ZfP-Prüfungen werden im Folgenden zusammengefasst:

- ***Zugänglichkeit***: Drohnen können schwer zugängliche oder gefährliche Bereiche erreichen, z. B. im Hochbau, bei Brücken oder Industrieanlagen, ohne dass Gerüste oder Industrie-Kletterer erforderlich sind. Dies verbessert die Zugänglichkeit zu verschiedenen Teilen eines Bauwerks.
- ***Vielseitigkeit***: Drohnen können mit einer Vielzahl von Sensoren und Kameras ausgestattet werden, die auf die jeweiligen Inspektionsanforderungen zugeschnitten sind. Zu den gängigen Sensoren gehören visuelle Kameras, Infrarotkameras, LiDAR (Light Detection and Ranging) [4] und heutzutage auch kontaktbasierte Sensoren wie Ultraschallsensoren für Metallinspektionen [5]. Diese Sensoren ermöglichen eine umfassende Bewertung verschiedener Aspekte, wie z. B. strukturelle Integrität oder Materialzusammensetzung.
- ***Effizienz***: Drohneninspektionen sind oft schneller als herkömmliche Methoden [6]. Sie können große Bereiche in relativ kurzer Zeit abdecken, was die Gesamtdauer der Inspektion verkürzt und die Ausfallzeiten der Betriebsanlagen minimiert.
- ***Kosteneffizienz***: Obwohl die anfänglichen Einrichtungs- und Schulungskosten für drohnengestützte Inspektionen anfallen können, können die Gesamtkosten niedriger sein, wenn man Faktoren wie den geringeren Personaleinsatz, die kürzere Inspektionszeit und die minimale Unterbrechung des Betriebs berücksichtigt.
- ***Sicherheit***: Durch die Durchführung von Inspektionen mit Drohnen entfällt die Notwendigkeit, dass sich das Personal physisch in Hochrisikobereiche begeben muss, was die Sicherheit für die Arbeitenden erhöht [7]. Dies ist besonders in Branchen wie der Energiewirtschaft (z. B. in Kernkraftwerken in stark kontaminierten oder verstrahlten Bereichen) und der Infrastruktur (z. B. Brücken in großen Höhen) von Vorteil.
- ***Datengenauigkeit und Dokumentation***: Drohnen können hochauflösende Bilder und Daten erfassen, die detaillierte Informationen über den Zustand von Bauwerken liefern. Diese Daten können für genaue Analysen und Dokumentationen verwendet werden, die die Entscheidungsfindung für Wartung und Reparaturen unterstützen.
- ***Umweltverträglichkeit***: Im Vergleich zu herkömmlichen Inspektionsmethoden, die schwere Ausrüstung und die Einrichtung einer Infrastruktur erfordern, haben Drohnen einen geringeren ökologischen Fußabdruck, was sie zu einer nachhaltigeren Option macht.

1. Drohnenplattform und System für Betoninspektion

Der Einsatz von mechanisierter und robotergestützten Inspektion wurde in den letzten Jahren immer wichtiger, um Inspektionen schneller, reproduzierbarer und sicherer zu machen [8], [9]. Während sich dabei viele Systeme auf visuelle Inspektion fokussieren, gibt es mittlerweile auch Drohnen, welche Kontaktkräfte aufbringen können und somit für Kontakt-Techniken in Frage kommen. Unser System basiert auf einer Drohnen-Forschungsplattform [10]. Diese Drohne ist in der Lage in einem kontinuierlichen Nick-Winkel von 180° Kontaktkräfte bis 30N aufzubringen und mehrere Sekunden zu halten. Das ermöglicht die Inspektion selbst schwer zugänglicher Bereiche. Für diese Drohnenplattform wurde eine innovative Impact-Echo-Sensoreinheit entwickelt und kontinuierlich optimiert. Ergänzend befindet sich eine Sensoreinheit für die Potenzialfeldmethode in der Entwicklung, um aktive Korrosion zu detektieren.

Zukünftig wird die Integration weiterer ZfP-Verfahren verfolgt, um unserer Vision eines umfassenden drohnenbasiertes Werkzeugs für die zerstörungsfreie Prüfung zu folgen, siehe **Abb 1**.

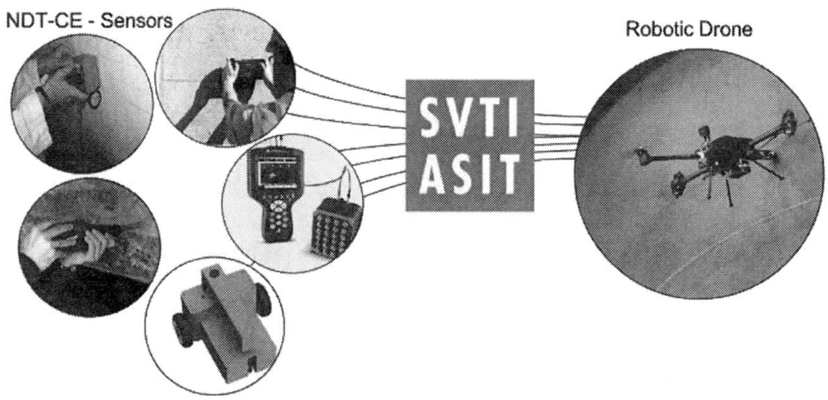

Abb 1: Vision eines umfassenden drohnenbasierten Werkzeugs für ZfPBau

Die Drohne verfügt über eine kabellose Fernsteuerung, welche es dem Piloten erlaubt, die Drohne zu steuern, die Messung auszulösen und die Messresultate zu sehen. Zusätzlich ist ein kabelloses Inspektionstablet vorhanden, welches der Inspektorin oder dem Inspektor die Messresultate anzeigt und die Möglichkeit bietet, die Messungen zu analysieren, Einstellungen anzupassen und Kommentare zu erfassen.

Abb 2 zeigt die fliegende Drohne bei der Inspektion eines Gebäudes mit der Impact-Echo-Sensoreinheit. Die Drohne fliegt dabei in horizontaler Lage.

Abb 2: Drohne fliegt in horizontaler Lage und inspiziert ein Gebäude

Abb 3 zeigt die fliegende Drohne in vertikaler Lage beim Inspizieren eines Gebäudes.

Abb 3: Drohne fliegt in vertikaler Lage und inspiziert ein Gebäude.

Neben der Erfassung von kontaktbasierten ZfP-Daten ist die Drohne auch mit Kameras ausgestattet, die gleichzeitig die Erfassung visueller Daten ermöglichen. An jeder Messstelle wird ein Bild in der FPV-Perspektive im Normal- und Weitwinkelmodus aufgenommen. Ein Beispiel für ein solches Bild ist in **Abb 4** zu sehen. Diese Daten können auch für die weitere Nachbearbeitung verwendet werden. Einerseits können diese Daten zur Erkennung von Oberflächendefekten des Betons mit Hilfe von Bildverarbeitungsroutinen für maschinelles Lernen verwendet werden. Andererseits können diese visuellen Daten für die Kartierung der erfassten Signale verwendet werden.

First-person view

First-person view – Weitwinkel

Abb 4: Visuelle Inspektion über die first-person view-Kamera (FPV)

2. Impact-Echo-System

Die erste entwickelte Sensoreinheit für das Drohneninspektionssystem nutzt die Impact-Echo-Methode. Diese Methode wurde das erste Mal 1986 von [11] für Betoninspektionen vorgestellt. Dabei wird mit einem Hammer oder Impactor eine elastische Welle im Beton erzeugt und anschließend die Schwingungsantwort gemessen. Das Signal wird dabei im Zeitbereich aufgenommen und anschließend mit einer Fast Fourier Transformation (FFT) in den Frequenzbereich überführt und da analysiert. Das Messprinzip ist in **Abb 5** dargestellt.

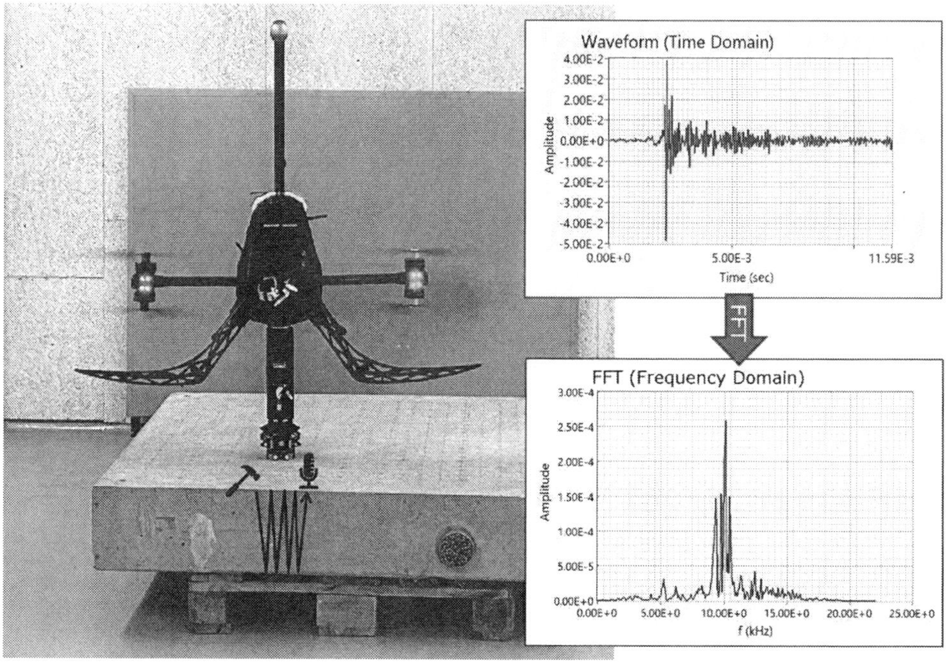

Abb 5: Messprinzip von Impact-Echo dargestellt während einer Drohnenmessung

Impact-Echo wird eingesetzt für Brücken- und Tunnelinspektionen [12], Inspektionen im Energiesektor [13], das Auffinden von Delaminationen [14] oder für die Untersuchung von Spanngliedern [15], [16]. Zudem kann mit Impact-Echo die Schallgeschwindigkeit für ein Bauteil aus einer bekannten Wandstärke (oder umgekehrt) berechnet werden [17], [18]. Dafür wird die Impact-Echo-Gleichung herangezogen, welche die Wandstärke d über die gemessene Frequenz f mit der longitudinalen Schallgeschwindigkeit c_L in Verbindung bringt:

$$d = \frac{c_L}{2f} \qquad (1)$$

Die Drohne mit der neu entwickelten Impact-Echo-Sensoreinheit ist in **Abb 6** zu sehen. Dabei wurde ein automatisierter Impactor und ein Sensor von Olson Instruments in einem Sensorarm auf der Drohne integriert. Dies beinhaltete sowohl mechanische, elektrische als auch softwareseitige Aspekte.

Abb 6: Drohnensystem mit Impact-Echo-Sensoreinheit

Mit dem neu entwickelten Impact-Echo-Drohnensystem wurden erste Flugtests durchgeführt. Die Resultate der Messungen werden volumetrisch mithilfe unserer Analysesoftware *echolyst* [19], [20] ausgewertet. Dabei wird für jeden Messpunkt das verarbeite Zeitsignal in den Frequenzraum überführt und analysiert. Dabei bildet der Ort des Messpunktes die x- und y-Koordinate und das Frequenzsignal wird in z-Richtung aufgetragen. Daraus ergibt sich eine volumetrische Darstellung. Diese kann dann anschließend in 2D-Ebenen in Form von B- (y-Wert konstant), C- (Frequenzwert konstant) und D-Scans (x-Wert konstant) im Detail analysiert werden.

Ein Beispiel für eine solche volumetrische Analyse eines Betonblocks, die in *echolyst* durchgeführt wurde, ist in **Abb 7** dargestellt. Der Betonprüfblock enthält sowohl einen Spanngliedkanal als auch eine Delamination. Beide Prüfziele sind in den B-, C- und D-Projektionen deutlich sichtbar. Darüber hinaus ermöglicht *echolyst* auch die Erstellung und Analyse von Dickenprofilen aus Impact-Echo-Daten sowie die Erfassung von Impact-Echo-Daten in einem Punkt- und einem Gittermodus. Zusätzlich kann die *echolyst* Software auch zur Analyse und volumetrischen Darstellung von Ultraschalldaten verwendet werden.

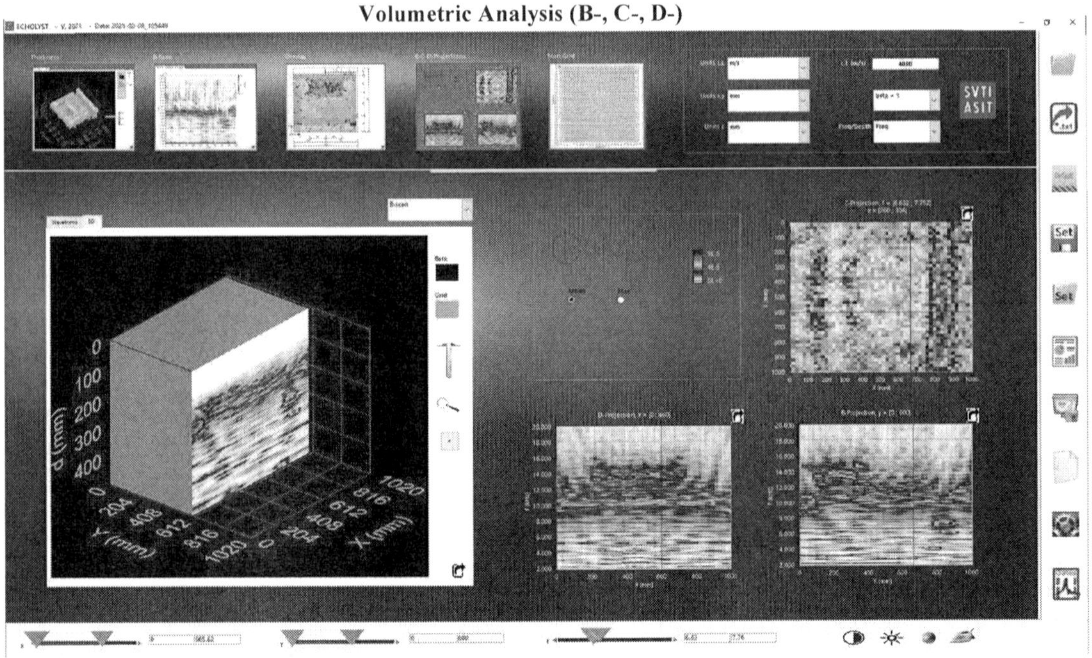

Abb 7: Beispiel einer volumetrischen Analyse von Impact-Echo-Daten durchgeführt mit *echolyst*, die Daten wurden in einer Handmessung aufgenommen.

3. Potentialfeldmesssystem

Ergänzend zum Impact-Echo-Methode befindet sich eine Sensoreinheit für die Potenzialfeldmethode in der Entwicklung, um aktive Korrosion zu detektieren, siehe **Abb 8**. Die elektrochemische Potentialmessung kann eingesetzt werden, um Korrosion an Bewehrungen in Stahlbeton zu detektieren [21]. Dabei wird eine Elektrode an der Bewehrung befestigt und anschließend wird mit einer zweiten Elektrode rasterweise Kontakt zur Betonoberfläche hergestellt. Gemessen wird dabei das Spannungspotential zwischen den beiden Elektroden mithilfe eines hochohmigen Spannungsmessgeräts. Die beiden Elektronen müssen dabei mithilfe von Kabeln verbunden werden, daher muss auch die Drohne, welche die mobile Elektrode zur Betonoberfläche bringt, mit einem Kabel mit der Bodenstation verbunden sein. Die Potentialfeldmethode wird eingesetzt, um aktive Korrosion zu detektieren und zu orten und um Bereiche erhöhter Korrosionswahrscheinlichkeit in Stahlbeton zu identifizieren. Dies ist zum Beispiel im Rahmen von Instandsetzungsmassenahmen sowie bei wiederkehrenden Inspektionen an Stahlbetonbauwerken von Interesse.

Abb 8: Drohnenmesssystem mit Potentialfeld-Sensoreinheit

4. Fazit

Die vorliegende Arbeit präsentiert ein neues drohnenbasiertes Impact-Echo-Messsystem für die Inspektion von Betonstrukturen wie Brücken oder Türme. Dabei wurde eine Sensoreinheit für eine Drohnenplattform entwickelt, welche in der Lage ist, konstante Kontaktkräfte für kontaktbasierte ZfP-Methoden aufzubringen. Dabei wurde ein Impact-Echo-Sensor und -Impactor mechanisch, elektrisch und softwareseitig integriert. Erste Flugtests zeigen, dass die Drohne in der Lage ist, Beton zu untersuchen und Fehlstellen wie Delaminationen sowie Komponenten wie Spannglieder zu identifizieren. Zusätzlich ist eine weitere Sensoreinheit für die Potentialfeldmethode in Entwicklung, um aktive Korrosion zu detektieren. Das System hat viel Potenzial, um bei zukünftigen Inspektionen im ZfPBau die Effizienz, die Effektivität und die Reproduzierbarkeit zu steigern.

Danksagung

Die Autoren bedanken sich bei Nicolas Scheidt (Voliro AG) für die Unterstützung bei der Implementierung der Impact-Echo-Sensoreinheit auf dem Drohnencomputer. Zudem bedanken sich die Autoren bei Leonardo Rössler (SVTI) für seine Unterstützung beim 3D CAD Design für die Entwicklung der Impact-Echo-Sensoreinheit.

Referenzen

[1] Ken P Chong, Nicholas J Carino, and Glenn Washer, "Health monitoring of civil infrastructures," *Smart Mater Struct*, vol. 12, no. 3, p. 483, 2003, doi: 10.1088/0964-1726/12/3/320.

[2] J.-P. Balayssac and V. Garnier, *Non-destructive testing and evaluation of civil engineering structures*. Elsevier, 2017.

[3] Christiane. Maierhofer, H.-Wolf. Reinhardt, and Gerd. Dobmann, *Non-destructive evaluation of reinforced concrete structures. Volume 1, Deterioration processes and standard test methods*. CRC Press, 2010.

[4] H. J. Woo, D. M. Seo, M. S. Kim, M. S. Park, W. H. Hong, and S. C. Baek, "Localization of Cracks in Concrete Structures Using an Unmanned Aerial Vehicle," *Sensors 2022, Vol. 22, Page 6711*, vol. 22, no. 17, p. 6711, Sep. 2022, doi: 10.3390/S22176711.

[5] R. J. Watson *et al.*, "Deployment of Contact-Based Ultrasonic Thickness Measurements Using Over-Actuated UAVs," 2021, pp. 683–694. doi: 10.1007/978-3-030-64594-6_66.

[6] I. H. Kim, S. Yoon, J. H. Lee, S. Jung, S. Cho, and H. J. Jung, "A Comparative Study of Bridge Inspection and Condition Assessment between Manpower and a UAS," *Drones 2022, Vol. 6, Page 355*, vol. 6, no. 11, p. 355, Nov. 2022, doi: 10.3390/DRONES6110355.

[7] M. Gheisari and B. Esmaeili, "Unmanned Aerial Systems (UAS) for Construction Safety Applications," in *Construction Research Congress 2016: Old and New Construction Technologies Converge in Historic San Juan - Proceedings of the 2016 Construction Research Congress, CRC 2016*, American Society of Civil Engineers (ASCE), 2016, pp. 2642–2650. doi: 10.1061/9780784479827.263.

[8] R. Bogue, "Applications of robotics in test and inspection," *Industrial Robot: An International Journal*, vol. 45, no. 2, pp. 169–174, Apr. 2018, doi: 10.1108/IR-01-2018-0012.

[9] M. Morales-Rodriguez, P. Chen, P. Fuhr, and S. Rooke, "Drones in automation," *InTech, International Society of Automation*, 2017.

[10] M. Kamel *et al.*, "The Voliro Omniorientational Hexacopter: An Agile and Maneuverable Tiltable-Rotor Aerial Vehicle," *IEEE Robot Autom Mag*, vol. 25, no. 4, pp. 34–44, Dec. 2018, doi: 10.1109/MRA.2018.2866758.

[11] M. Sansalone and N. J. Carino, "Impact-echo: A method for flaw detection in concrete using transient stress waves," in *United States Department of Commerce, National Institute of Standards and Technology*, 1986.

[12] Y. Tinkey, L. D. Olson, and H. Wiggenhauser, "Impact echo scanning for discontinuity detection and imaging in posttensioned concrete bridges and other structures," *Mater Eval*, vol. 63, no. 1, 2005.

[13] Algernon D and K. Dressler, "Assessment of structural concrete components using air-coupled impact-echo," in *Proceedings of the 9th International Conference on NDE in Relation to Structural Integrity for Nuclear and Pressurized Components*, Seattle, USA, 2012.

[14] C. Cheng and M. Sansalone, "The impact-echo response of concrete plates containing delaminations: numerical, experimental and field studies," *Mater Struct*, vol. 26, no. 5, pp. 274–285, 1993.

[15] B. J. Jaeger, M. J. Sansalone, and R. W. Poston, "Detecting voids in grouted tendon ducts of post-tensioned concrete structures using the impact-echo method," *Structural Journal*, vol. 93, no. 4, pp. 462–473, 1996.

[16] H. Wiggenhauser, "Duct inspection using scanning impact-echo," in *proceedings of International Symposium NDT-CE 2003, Tendon ducts*, 2003.

[17] M. J. Sansalone and W. B. Streett, "Impact-echo. Nondestructive evaluation of concrete and masonry," 1997.

[18] G. G. Clemeña and others, "Use of the impact-echo method in nondestructive measurements of the thickness of new concrete pavements," 1995.

[19] D. Algernon, S. Feistkorn, M. Hagenbruch, P. Kicherer, L. Rössler, and M. Scherrer, "ECHOLYST - Entwicklung eines Impact-Echo-Systems für Scanning, Analyseund Machine Learning," 2021. [Online]. Available: http://www.ndt.net/?id=25759

[20] D. Algernon, "ECHOLYST Impact-Echo Data Acquisition and Analysis - User Manual." SVTI Swiss Association for Technical Inspections, Wallisellen, 2020.

[21] DGZfP-Fachausschuss für Zerstörungsfreie Prüfung im Bauwesen – Unterausschuss Korrosionsnachweis für Stahlbeton and C. Sodeikat, "Merkblatt B3 - Elektrochemische Potentialmessungen zur Detektion von Bewehrungsstahlkorrosion Veröffentlicht vom DGZfP-Fachausschuss für Zerstörungsfreie Prüfung im Bauwesen - Unterausschuss Korrosionsnachweis für Stahlbeton," *Beton- und Stahlbetonbau*, vol. 105, no. 8, pp. 529–538, Aug. 2010, doi: 10.1002/best.201000043.

Digitalisierung der Bauwerksdiagnostik zur realitätsnahen Bewertung von Ingenieurbauwerken

Chris VOIGT [1], Christina FRITSCH [1], Tina HACKEL [2], Ralf ARNDT [3]
[1] MKP GmbH, Weimar, Deutschland
[2] Hamburg Port Authority AöR, Hamburg, Deutchland
[3] Fachhochschule Erfurt, Erfurt, Deutschland

Kontakt E-Mail: chris.voigt@marxkrontal.com

Kurzfassung. Im Bauingenieurwesen können wir auf vielfältige Weise zur Bewältigung aktueller Herausforderungen unserer Zeit beitragen. Durch eine umfassende Beurteilung und Bewertung des vorhandenen Bestandes an Ingenieurbauwerken kann beispielsweise eine längere Nutzung der Bauwerke und damit eine Einsparung von Ressourcen erreicht werden. Bauwerksdiagnostische Untersuchungen ermöglichen realitätsnahe Aussagen über die vorhandene Konstruktion, die tatsächlichen Materialeigenschaften und vorhandene Schäden bis in die Tiefe der Bauteile und bilden damit eine wesentliche Grundlage für eine Bestandsbewertung.

Die Prozesse hinter der Bauwerksdiagnostik sind zumeist noch äußerst analog und enden oftmals in einem mehrere hundert Seiten starken Bericht in semidigitaler PDF-Form. Im Beitrag werden die wesentlichen Erkenntnisse aus Projekten und Forschungstätigkeiten vorgestellt und die Chancen der konsequenten Digitalisierung und Harmonisierung der sonst sehr heterogenen Datenbestände auch im Kontext der Building-Information-Modeling-Methode (BIM-Methode) aufgezeigt.

Einführung

Die Bauwerksdiagnostik, also die vertiefte Erkundung von Bestandsbauwerken mittels zerstörungsfreier und zerstörungsarmer Untersuchungen, verlief traditionell als äußerst analoger Prozess. Die essentiellen Ergebnisse der Erkundung wurden früher in der Regel auf Papier dokumentiert. Nach Abschluss einer Untersuchungskampagne erhielt der Auftraggeber einen Bericht, der bei komplexen Fragestellungen auch mehrere hundert Seiten umfassen konnte. Zwar unterstützten Lagepläne und eindeutige Bezeichnungen der Untersuchungsstellen die Nutzbarkeit des Berichts, jedoch blieben die Daten auf Papier beschränkt, selbst wenn es sich um ein „digitales" PDF handelte. Der Nutzer musste erheblichen Aufwand betreiben, um die Erkundungsergebnisse für seine Planung zu verwenden. Im Zuge der digitalen Transformation werden auch diese bewährten Prozesse einer kritischen Überprüfung unterzogen. Dieser Beitrag stellt ausgewählte Aspekte der konsequenten Digitalisierung bauwerksdiagnostischer Prozesse dar und verdeutlicht den Nutzen für die Bewertung von Bestandsbauwerken. Hierbei wird ein Blick auf vergangene und gegenwärtige Projekte der Autoren geworfen.

1 Mehrwert der Digitalisierung

Die Bauwerksdiagnostik bietet beträchtliche Potenziale für eine realitätsnahe Bestands- und Zustandsbewertung. Der entscheidende Nutzen der Digitalisierung liegt vor allem in der verbesserten Zugänglichkeit von Daten und Informationen der Bauwerksdiagnostik sowie in der Vielfalt der Möglichkeiten zur Datenaufbereitung und -bereitstellung [1]. Die Verbesserung der Verarbeitbarkeit ermöglicht eine deutliche Reduzierung des Arbeitsaufwands für bestimmte Aufgaben, wie beispielsweise die Erstellung grafischer Darstellungen. Dadurch trägt die Digitalisierung wesentlich zur Optimierung von Arbeitsabläufen bei. Im Idealfall können bisher manuelle und teilweise repetitive Arbeitsschritte (teil-)automatisiert werden, sodass Ingenieurinnen und Ingenieuren mehr Zeit für die fachlich anspruchsvolle Bewertung von Ingenieurbauwerken zur Verfügung steht.
Der Mehrwert der Digitalisierung und die Anwendung digitaler Hilfsmittel wurden in praxisnahen Pilotprojekten bestätigt. Im Folgenden wird ein Einblick in ausgewählte Themenfelder gegeben.

1.1 Zentrale digitale Datenhaltung

Ein erster Schritt besteht in der Digitalisierung, Strukturierung und Zentralisierung von bauwerksdiagnostischen Daten und Informationen. Aktuell liegen die Ergebnisse von Bauwerksdiagnostiken in der Regel in sehr heterogener, teilweise papiergebundener Form bei den Auftraggebern und Anlagenverantwortlichen vor. Verschiedene Gutachten sind oft inhaltlich nicht miteinander verknüpft, da ein Überblick darüber fehlt, welche Informationen aus der Vergangenheit bereits vorliegen. Durch die Überführung aller bauwerksdiagnostischen Daten in eine digitale, maschinenlesbare und gleichzeitig strukturierte Form wird der Zugriff auf die vorhandenen Daten und deren Handhabung erheblich erleichtert.
Im Rahmen des von der Thüringer Aufbaubank geförderten Forschungsvorhabens "Digitale Bauwerksdiagnose" wurde auf Basis einer Analyse verschiedener Datenbestände die Datenstrukturierung und die Entwicklung eines prototypischen Datenmodells durchgeführt. Dieses beinhaltet die Definition von Bezeichnungen, Eigenschaften (innerhalb der BIM-Methodik Merkmal oder in der Informatik auch Attribut genannt), Datentypen und Hierarchien für einzelne bauwerksdiagnostische Untersuchungen an Ingenieurbauwerken aus Stahlbeton und Spannbeton. Ein wichtiger Bestandteil der Bereitstellung war zudem die Verbesserung der Zugänglichkeit von Messdaten aus zerstörungsfreien Prüfverfahren, die oft in proprietären Dateiformaten vorliegen, aber mithilfe von Hilfsalgorithmen teilweise in einheitliche und flexibel verarbeitbare Formate überführt werden können.
Basierend auf dem Datenmodell wurde eine unternehmenseigene relationale Datenbank implementiert, die eine zentrale Ablage der bauwerksdiagnostischen Daten ermöglicht. Die Daten können sowohl über einen Upload aus einer entsprechend dem Datenmodell strukturierten Datei als auch direkt über die Dateneingabe auf einer webbasierten Benutzeroberfläche (Anbindung über Rest-API) abgelegt werden. Die Datenbank fungiert als zentraler, projektübergreifender Speicherort für die bauwerksdiagnostischen Daten (single source of truth). Von dort aus sind Schnittstellen für weiterführende Anwendungen (wie beispielsweise eine Plattform zur Datenvisualisierung) oder auch für den fachlichen Austausch zwischen beteiligten Projektpartnern implementierbar.
Die digitalisierte, strukturierte und zentralisierte Datenhaltung markiert einen deutlichen Fortschritt im Vergleich zur früheren dezentralen, teilweise papiergebundenen Vorgehensweise. Sie bildet die wesentliche Voraussetzung für eine Vielzahl von Datenaufbereitungs- und Datenauswertungsprozessen [2]. Das prototypische Datenmodell

soll auf weitere Untersuchungsverfahren erweitert werden und einen neben der Maschinenlesbarkeit auch eine Maschineninterpretierbarkeit hergestellt werden.

1.2 Mensch-Maschine-Interaktion zur Datenbereitstellung

Ein weiterer Aspekt ist die nutzergerechte Bereitstellung und damit Nutzbarmachung der bauwerksdiagnostischen Daten. Aufbauend auf die zuvor beschriebenen Digitalisierungsschritte ergeben sich vielfältige Möglichkeiten der Datenbereitstellung, von der grafischen und tabellarischen Aufbereitung als Anlage eines Gutachtens bis hin zur Datenintegration in digitale Bauwerksmodelle.
Im Rahmen des Pilotprojektes smartBRIDGE Hamburg wurden vier Varianten für die Bereitstellung von bauwerksdiagnostischen Daten für unterschiedliche Nutzergruppen bzw. für unterschiedliche Anwendungsfälle pilothaft erprobt.
Ausgehend von einer Digitalen-Zwilling-Plattform erfolgt die bedarfsgerechte Visualisierung und Bereitstellung der fachlichen Informationen über einen mehrstufigen Drilldown: Vom Bauwerk aus gelangt man zu den Bauteilgruppen, von dort zu den Untersuchungszielen und in letzter Ebene zu den Untersuchungsstellen. Diese sind lokal abgegrenzte Bereiche, in denen eine oder mehrere Untersuchungsmethoden angewendet wurden. Auf der Plattform sind für jede Untersuchungsstelle die Basisinformationen zu Art, Lage und Zeitpunkt der durchgeführten Untersuchungen dokumentiert. Darüber hinaus wird eine Kurzbewertung hinsichtlich der Dringlichkeit und des Handlungsbedarfs gegeben.
Die detaillierten Untersuchungsergebnisse werden über einen Absprungpunkt in einer Expertenumgebung erreicht. Diese wurde im Projekt smartBRIDGE Hamburg in Form einer fotorealistischen 360°-Umgebung (siehe Abb. 1) eines ausgewählten Bauwerksbereiches realisiert. Dort sind neben allen Untersuchungsstellen auch die Schäden der Bauwerksprüfung und Messstellen des Bauwerksmonitorings verortet. Die räumliche Kontextualisierung der drei zustandsrelevanten Datenquellen ermöglicht eine inhaltliche Verknüpfung im Hinblick auf eine integrale Zustandsbewertung. Anders als in der Digitalen-Zwilling-Plattform werden sowohl die Durchführung der Untersuchungen als auch die Untersuchungsergebnisse detailliert beschrieben und mit Grafiken hinterlegt.

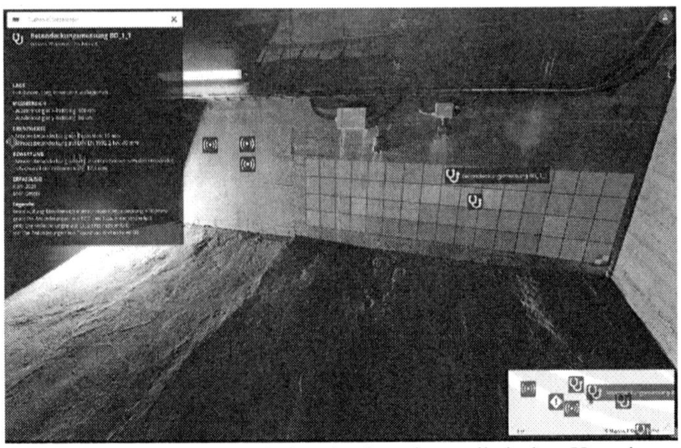

Abb. 1: Darstellung diagnostischer Ergebnisse in einer fotorealistischen Umgebung des Bestands [smartBRIDGE Hamburg]

Für den intuitiven Datenzugriff vor Ort wurde darüber hinaus eine prototypische AR-Anwendung entwickelt. Auch diese enthält, neben den Untersuchungsstellen, Schäden und Messstellen und ermöglicht somit eine inhaltliche Verknüpfung von verschiedenartigen zustandsrelevanten Informationen. Mithilfe der AR-Anwendung können bspw. Bauwerksprüfer, Anlagenverantwortliche oder Fachplaner vor Ort Einsicht in vorhandene Untersuchungsergebnisse nehmen und benötigen dafür keine Papierunterlagen, sondern können bei der Begehung des Bauwerks mit den in der AR-Anwendung hinterlegten Daten interagieren [3].

1.3 Herausforderungen der Digitalisierung

Die bisherigen Pilotprojekte und Forschungsvorhaben basieren auf eigenen, individuellen Lösungsansätzen, die oft reflektiert und verbessert wurden. Die gefundenen Lösungen sind zum Teil nur projektspezifisch nutzbar. Insbesondere das Fehlen einheitlicher Standards im Bereich des Datenmanagements erschwert hier die kollaborative Zusammenarbeit. Auf wissenschaftlicher Ebene sind Bemühungen vorhanden, um beispielsweise universelle Datenformate aus der Medizintechnik (bspw. DICONDE) für Anwendungen im Bereich der Bauwerksdiagnostik zu entlehnen. Messgerätehersteller folgen diesen Bemühungen derzeit nur bedingt. Auch für den Großteil der zerstörungsarmen Untersuchungsverfahren sind keine einheitlichen Datenschemata vorhanden. Die Erarbeitung einheitlicher Standards wird dadurch erschwert, dass viele Prozesse der Bauwerksdiagnostik nur unzureichend im Normen- und Regelwerk abgebildet sind. Während beispielsweise für die Bewertung der Druckfestigkeit von Bestandsbeton ein umfangreiches Regelwert vorhanden ist, fehlt dieses bei der Bewertung von Bestandsmauerwerk nahezu gänzlich.
Für eine durchgängige digitale Arbeitsweise sind Standards jedoch von zentraler Bedeutung, da sie ein einheitliches und maschinenlesbares Vokabular liefern können. Ebenso können aus diesen Standards Arbeitsweisen abgeleitet werden, die im Rahmen digitaler Prozesse neu gedacht werden können. Mit der Standardisierung der Prozesse befasst sich das derzeit laufende Forschungsvorhaben openSIM.

2 openSIM – Ein ganzheitlicher Ansatz zur Durchführung von Bauwerksdiagnostik mit Hilfe der BIM-Methodik

2.1 Projektbeschreibung

Im Rahmen des Forschungsprojekts openSIM mit dem Titel "Integration und Bereitstellung von Structural-Information-Daten zur Bestandsbewertung von Infrastrukturwerken im BIM-Prozess" werden die zuvor erwähnten Defizite aufgegriffen. Unter Einsatz der BIM-Methodik wird ein ganzheitlicher und praxisorientierter Ansatz entwickelt, der die gesamte Prozesskette der Bestandsbewertung mit bauwerksdiagnostischen Verfahren umfasst (siehe Abb. 2). Das Projekt erhält eine Gesamtförderung von 2.121.170,54 € im Rahmen der Innovationsinitiative mFUND durch das Bundesministerium für Digitales und Verkehr. Ein Konsortium aus sechs Projektpartnern aus Wissenschaft und Praxis, mit Expertise in Bauwerksdiagnostik, Bestandsplanung, BIM, Softwareentwicklung, Anlagenverantwortlichkeit und Materialforschung, hat sich zusammengeschlossen:

- MKP GmbH (Konsortialführer) | Bauwerksdiagnostik und Bestandsplanung
- Bau-Consult Hermsdorf Gesellschaft beratender Ingenieure mbH | BIM und Bestandsplanung
- Bauhaus-Universität Weimar, Professur Intelligentes Technisches Design | BIM und digitale Prozesse
- customQuake GmbH | Softwareentwicklung
- Hamburg Port Authority, AöR | Anlagenverantwortliche und BIM
- Materialforschungs- und -prüfanstalt an der Bauhaus-Universität Weimar | Bauwerksdiagnostik

Über die dreijährige Projektlaufzeit hinweg werden sieben Arbeitspakete bearbeitet. In einem ersten Schritt werden Anforderungen aus verschiedenen Fachdisziplinen zusammengetragen und in einem umfassenden Anforderungskatalog festgehalten, der die Kompetenzen aller

Projektpartner einschließt und die Abhängigkeiten zwischen den Fachgebieten klar definiert. In der darauffolgenden Konzeptionsphase werden konkrete Lösungsansätze erarbeitet. In einer Erprobungs- und Evaluationsphase werden die Lösungen anhand von Beispielen an konkreten Bauwerken angewendet, um die praktische Anwendbarkeit zu testen und die Lösungen weiter zu optimieren. Dies betrifft sämtliche Aspekte der Prozesskette, angefangen von der Aufgabenstellung über die Untersuchungsplanung bis hin zur Bereitstellung der Daten in verschiedenen digitalen Formaten (Common Data Environment, cloudbasierte Webanwendung, Datenschnittstelle).

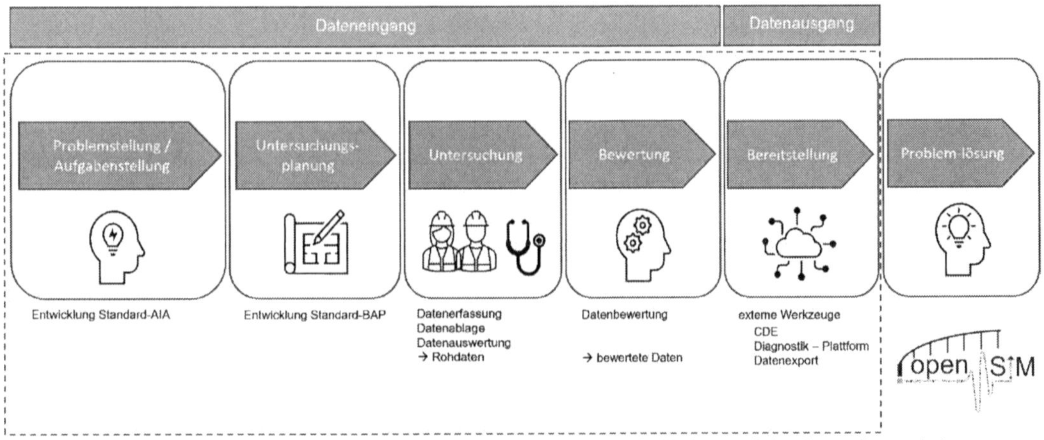

Abb. 2: Schematischer Ablauf der Prozesskette, die innerhalb des Projekts betrachtet wird.

2.2 Projektziele

Das übergeordnete Projektziel ist die Optimierung der Bereitstellung von realitätsnahen Bestands- und Zustandsdaten für die Bewertung der Standsicherheit, Verkehrssicherheit und Dauerhaftigkeit bestehender Infrastrukturbauwerke Im Projekt sollen dafür die Möglichkeiten der Digitalisierung aktiviert (unter Verwendung der BIM-Methode) und die Weichen für eine standardisierte Nutzung von bauwerksdiagnostischen Ergebnissen erforscht werden. Dabei soll die gesamte Prozesskette von der Aufgabenstellung bis zur Übergabe der bewerteten Untersuchungsergebnisse an den Auftraggeber bzw. Nutzer untersucht werden. Aufbauend auf den Anforderungskatalog werden Konzepte erstellt, um Lösungen für folgende Detailthemen entwickeln zu können:

Auftraggeber-Informations-Anforderungen (AIA)

Innerhalb der AIA werden die Anforderungen des Auftraggebers an die Lieferung von Informationen festgelegt. Welche Informationen in welchem Umfang, zu welchem Zeitpunkt und in welcher Qualität benötigt werden ist abhängig vom Projektziel [4], [5]. Ein Bestandteil der AIA ist eine Beschreibung der BIM-Anwendungsfälle, welche im Projekt umgesetzt werden sollen [6], [7]. Neben den Anwendungsfällen wird u.a. auch auf Rollenbeschreibungen, auf Modellierungsvorgaben und den erforderlichen Informationsbedarf (LOIN) eingegangen. Mögliche Informationsanforderungen, welche sich aus der Beurteilung und Bewertung des Bestandes, den eingesetzten bauwerksdiagnostischen Untersuchungsverfahren und hinsichtlich einer möglichen Weiternutzung der Informationen ergeben, sollen zusammengetragen und als Musterbausteine für eine AIA aufbereitet werden. Dies können z.B. Lieferanforderungen an bauwerksdiagnostischen Daten sein (u.a. Detailtiefe, Aufbereitung, Dateiformate). Unterschiedliche Anforderungen, die sich aus der jeweiligen Aufgabenstellung der Bestandsbewertung ergeben, sollen hierbei berücksichtig werden. Alle in den AIA üblicherweise aufgeführten Anforderungen werden hinsichtlich des Bedarfs und aus Sicht der Bauwerksdiagnostik analysiert und beschrieben. Es werden u.a.

Empfehlungen für die Zusammenarbeit, die Modellierung (Struktur, Gliederung, Software) und die Durchführung von Testphasen aufgabenbezogen entwickelt

BIM-Abwicklungsplan (BAP)
Im BAP beschreibt der Auftragnehmer wie er die Anforderungen aus den AIA unter Anwendung der BIM-Methode umsetzen wird [8]. Es wird erläutert, wie die Ziele unter Nutzung der BIM-Methodik erreicht weden und wie die digitale Umsetzung der Aufgabenstellung aussieht (z.B. eingesetzte Software, eingesetzte Personal, Ablaufbeschreibung, Modellaufteilung). Hinsichtlich der Umsetzung für die bauwerks-diagnostischen Daten wird auf der Grundlage der entwickelten AIA-Bausteine im BAP aufgabenbezogen beschrieben, wie eine Modellerstellung aussehen könnte. Erläutert wird beispielhaft welche Modelle erstellt werden sollten und mit welchen Umsetzungsschritten, die innerhalb der AIA geforderten Ziele erreicht werden können.

Struktur und Semantik der bauwerksdiagnostischen Daten
Es sollen die Verfahren hinsichtlich der erforderlichen Vor- und Nachbereitungen, der Datenarten (eindimensional, zweidimensional, dreidimensional), der Datenformate (analoge Protokolle, herstellerspezifische Formate) so strukturiert werden, dass ein einheitliches Vorgehen und eine Standardisierung für verschiedene Gruppen von Untersuchungsmethoden und -verfahren festgelegt werden kann. Hierbei sind Aspekte der Messgenauigkeit, der Datenqualität und der Rückführbarkeit zu betrachten.
Es wird angestrebt einen Musterobjektkatalog für bauwerksdiagnostische Daten zu erstellen, welcher übliche Merkmale und Merkmalsgruppen enthält. Aus dem Objektkatalog soll ein für alle relevanten Untersuchungsverfahren und Diagnostikdaten gültiges Datenbankschema abgeleitet werden. Dies ermöglicht eine einheitliche Kommunikation innerhalb der gesamten Prozesskette der Bauzustandsdatenerfassung (Aufgabenstellung, Untersuchungsplanung, Datenerfassung vor Ort und im Labor, Auswertung, Bewertung, Datenbereitstellung), wie auch innerhalb des Bauwerkslebenszyklus.

Bereitstellung der diagnostischen Ergebnisse
Bisher werden bauwerksdiagnostische Daten meist in analoger Berichtsform zur Verfügung gestellt. Aufbauend auf dem Anforderungskatalog wird untersucht, welche bereits existierende Hilfsmittel der BIM-Methodik (bspw. Common Data Environments/ CDE) für die Datenbereitstellung geeignet sind, bzw. welche Anpassungen mit Plugins zur Erhöhung der Nutzbarkeit erforderlich werden. Insbesondere wird der Aspekt verschiedener Aggregationsstufen betrachtet. Bei der Nutzung der diagnostischen Ergebnisse ist eine Unterscheidung zwischen Rohdaten, aufbereiteten Daten und bewerteten Daten unerlässlich. Diese Kette der Datenveredelung muss mit den Werkzeugen abbildbar sein, um auch eine externe Bewertung oder eine spätere Bewertung unter Einbezug von weiteren Erkenntnissen zum Bauwerk zu ermöglichen.
Neben der Untersuchung von vorhandenen Werkzeugen soll eine offene und plattformunabhängige Webanwendung konzeptioniert werden, die insbesondere den Zugriff auf die bauwerksdiagnostischen Ergebnisse in ihrer niedrigsten Aggregationsstufe (höchste Detailstufe) ermöglicht. Die Verortung an einem dreidimensionalen Modell soll die räumliche Zuordnung der Information und die bessere Bewertbarkeit der Daten fördern.

2.3 Prozessbeschreibung

Wie bereits beschrieben, wird in openSIM die gesamte Prozesskette von der Aufgabenstellung bis hin zur Bereitstellung der Untersuchungsergebnisse betrachtet. Dementsprechend ist der gesamte Prozess mit unterschiedlichen Akteuren und Schnittstellen

zu untersuchen. Für die Schnittstellen sollen, soweit möglich, offene Datenformate genutzt werden.
Eine möglichst hohe Qualität der späteren Ergebnisse wird durch einen transparenten Abstimmungsprozess zwischen Auftraggeber, Bedarfsträger (Fachplaner, Bauwerksprüfer, Tragwerksplaner, etc.) und Bauwerksdiagnostiker erzeugt. Genau diese Transparenz kann durch die Nutzung von digitalen Bauwerksmodellen unterstützt werden. Dies vereinfacht die Kommunikation zwischen allen Projektbeteiligten, da z.B. die konkrete Lage von Untersuchungsstellen im Modell verortet werden können. Durch diese Visualisierung können alle Projektbeteiligten sofort erkennen, ob die vorgenommene Verortung für die jeweilige Planung geeignet ist, ob dadurch Konflikte zur eigenen Planung entstehen oder ob zusätzliche Untersuchungsstellen erforderlich werden. Der in Abb. 3 auszugsweise dargestellte Prozess verdeutlicht, dass zwischen den Akteuren anlassbezogen Abstimmungen modellbasiert stattfinden. Der Tragwerksplaner kann beispielsweise schon frühzeitig darauf einwirken, falls Untersuchungsstellen irrtümlicherweise in nicht relevanten Bauteilbereichen liegen oder eine zerstörende Untersuchung (Spanngliedentnahme, o. ä.) aufgrund der hohen statischen Auslastung eines Bauteils nicht möglich ist.

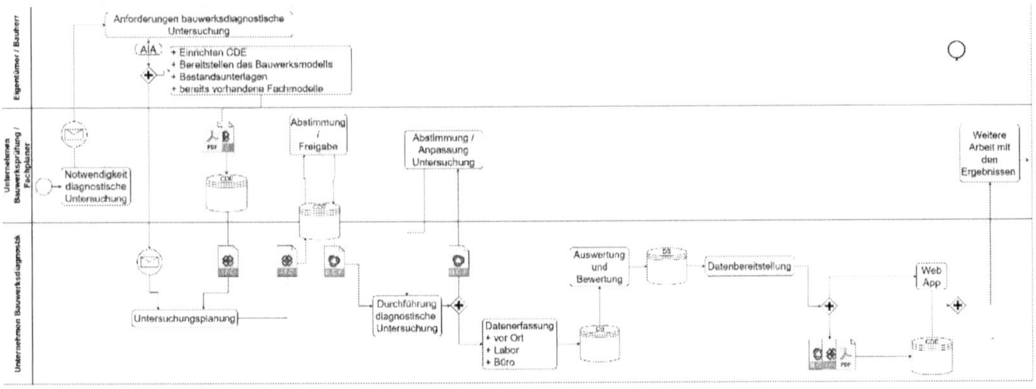

Abb. 3: Vereinfachtes Prozessdiagramm zur Darstellung der Abstimmungs- und Informationsaustauschbedarfe [eigene Darstellung, MKP]

Trotz einer intensiven Planung bleiben Bauwerksuntersuchungen ein dynamischer Prozess. Im Bestand können auch während der Untersuchungen Sachverhalte auftreten, die eine untersuchungsbegleitende Anpassung der ursprünglichen Planung erfordern. Um den flexiblen Anforderungen gerecht zu werden, kann die Arbeit mit Modellen und der Austausch innerhalb des Projektes durch standardisierte Schnittstellen wie z.B. BCF-Tickets (BIM-Collaboration-Format) geeignet sein. Auf diesem Wege ist eine schnelle, leicht verständliche Beschreibung/Darstellung eines Konfliktes (auch auf der Baustelle) möglich und Entscheidungswege können nachhaltig dokumentiert werden.
Während der Untersuchungen kann die Dokumentation der Ergebnisse digital erfolgen. Die Lage der Untersuchungsbereiche wird im Fachmodell zunächst mit Hilfsgeometrien verortet. Die Verortung kann je nach Anforderung an die Genauigkeit mit unterschiedlichen Mitteln (händisches Aufmaß, Tachymetrie, Laserscanning, etc.) erfolgen. Zur Dokumentation der Rohdaten wird die reine Lage der Untersuchungsstellen im Fachmodell mit den Daten aus der Datenbank verknüpft und nachvollziehbar gesichert. Die Auswerte- und Bewertungsprozesse werden zusätzlich separat dokumentiert, um eine Rückführbarkeit der Ergebnisse jederzeit zu gewährleisten. Entsprechend der Projektziele erhält der Nutzer über eine CDE und eine Webplattform Zugriff auf die für ihn relevanten Informationen.

2.4 *Entwicklung von Standards*

Das Projekt openSIM beschäftigt sich mit der Entwicklung von Standards und einer sinnvollen Aufbereitung der Ergebnisse aus bauwerksdiagnostischen Untersuchungen mit Hilfe der BIM-Methodik.
Entsprechend der Leitdokumente zur Anwendung der BIM-Methode im Bereich der Bundesfernstraßen und der Deutschen Bahn [9], [10] werden einheitliche Anwendungsfälle beschrieben. Der Anwendungsfall (AwF) 010 „Bestandserfassung und Modellierung" kann auch einen Rahmen für das Themengebiet Bauwerksdiagnostik bieten. Die Bauwerksdiagnostik könnte perspektivisch als Unteranwendungsfall des AwF 010 definiert werden. Für den Datenaustausch soll auf offene Datenformate zurückgegriffen werden, um auch dem open-BIM-Ansatz gerecht zu werden. Durch die Herstellerneutralität soll die Zugänglichkeit, Nutzbarkeit und auch Verwaltung der gewonnenen und übergebenen Daten verbessert werden. Da jedoch vorhandene Datenformate, wie beispielsweise das Industry-Foundation-Classes (IFC), bauwerksdiagnostische Ergebnisse wie Radargramme oder Potentialfeldmessungen derzeit nicht explizit in ihrer Klassenstruktur berücksichtigen [1], wird dies im weiteren Verlauf des Forschungsprojektes ein wesentlicher Bearbeitungsgegenstand sein.
Um die Projektanforderungen hinsichtlich der BIM-Planung bestmöglich beschreiben zu können, wird innerhalb der AIA das Level of Information Need (LOIN) nach DIN EN 17412 vorgegeben. Das LOIN beschreibt die erforderliche Genauigkeit der Modelle in Bezug auf die Geometrie (LoG, Level of Geometry), die enthaltenen Informationen (LoI; Level of Information) und ggf. den notwendigen Dokumentationsgrad (DOC; Dokumentationsgrad), [11]. Eine konkrete Vorgabe des LOIN ist auch im Bestand von großer Bedeutung. Durch exakte Vorgaben können die Untersuchungen zielgerichtet geplant und die Ergebnisse sinnvoll aufbereitet werden. Abhängig vom Untersuchungsverfahren und der Planungsphase können unterschiedliche LOIN-Vorgaben vorgegeben werden. Im Bereich der Diagnostik und Bestandsermittlung fehlt es an Mustervorgaben, welche den Bedarf an die erforderliche Genauigkeit beschreiben (Festlegung von sinnvollen LOIN-Vorgaben). Es wird anhand von Beispielen untersucht, wie ein geeignetes LOIN aussehen kann, um aufgabenbezogene Projektziele zu erreichen. Zum Beispiel ist bei der Ermittlung der Druckfestigkeit des Bestandsbetons als Grundlage für die Ausschreibung von Abbruchleistungen eine andere Genauigkeit erforderlich als für die Nachrechnung eines Bauteils. Übertragen auf die Datenbereitstellung im openSIM kann dies wie folgt verdeutlicht werden: Bei der Erkundung von Kiesnestern im Bauteilinneren kann nur die prinzipielle Aussage zum Vorhandensein von Kiesnestern als Merkmal am jeweiligen Bauteil hinterlegt werden oder das Kiesnest wird in seiner tatsächlichen nachmodelliert und mit Aussagen zu Gefügeeigenschaften (Porenanteil, Struktur der Bindemittelmatrix, etc.) semantisch angereichert.
Bei der Wahl der Vorgaben sollten die nutzer- und aufgabenspezifischen Bedürfnisse einbezogen werden, da hier ggf. unterschiedliche Anforderungen an LOG und LOI bestehen. Eine Anlehnung an die Standardisierung der Bauteilkataloge im Neubau ist hierfür denkbar. In diesen werden Beispiele gegeben, wie ein bestimmtes Untersuchungsergebnis geometrisch modelliert und semantischen angereicht wird. Als weitere Muster können ebenfalls bestehende Objektkataloge [12] z.B. für Brücken [13], Deiche [14] oder Geotechnik/Baugrund [15] herangezogen werden.

Die Autoren danken dem Bundesministerium für Digitales und Verkehr, der Thüringer Aufbaubank und der Hamburg Port Authority für die Unterstützung in den vorgenannten Projekten.

Referenzen

[1] Schickert, M.; Arthus, M.; Koch, C.; Integration and Visualization of NDE Data in Digital Building Models, The International Symposium on Nondestructive Testing in Civil Engineering, 2022

[2] Schacht, G., Fritsch, C., Voigt, C., Ewert, E. and Arndt, R. (2022), Structural Information Modeling – Die digitale Transformation der Bauwerksdiagnostik. Mauerwerk, 26: 143-151.

[3] Hill, M.; Neumann, S.; Holst, R.; Bahlau, S., Bauwerksprüfung mittels Virtual/Augmented Reality – Prozessablauf, 1. Fachkongress Digitale Transformation der Verkehrsinfrastruktur, TAE (Technische Akademie Esslingen), 2022

[4] Masterplan BIM Bundesfernstraßen, Bundesministerium für Digitales und Verkehr, 09/2021

[5] BIM-Strategie – Implementierung von Building Information Modeling (BIM) im Vorstandsressort Infrastruktur der Deutschen Bahn AG, 02/2022

[6] Bereichsübergreifende Muster-AIA (Muster-Auftraggeber-Informationsanforderungen) Bundesministerium für Digitales und Verkehr, Bundesministerium für Wohnen, Stadtentwicklung und Bauwesen, 02/2022

[7] Liste der standardisierten Anwendungsfallbezeichnungen, BIM Deutschland Zentrum für die Digitalisierung des Bauwesens, 2023

[8] Masterplan BIM Bundesfernstraßen Rahmendokument: BIM-Abwicklungsplan (BAP) – Version 1.0, Bundesministerium für Verkehr und digitale Infrastruktur

[9] Auftraggeber-Informations-Anforderungen (AIA), Mustervorlage Version 1, BIM.Hamburg, 2021, Link: AIA-Mustervorlage (hamburg.de)

[10] Masterplan BIM Bundesfernstraßen, Rahmendokument: Auftraggeber-Informationsanforderungen (AIA) – Version 1, Bundesministerium für Verkehr und digitale Infrastruktur

[11] BIM-Leitfaden für die FHH, Version 3, BIM.Hamburg, 2021

[12] Objektkatalog Allgemein, Version V004, BIM.Hamburg, 2023

[13] Bauteilkatalog Brücken nach ASB-ING 2013, Version 004 BIM.Hamburg, 2018

[14] Objektkatalog Deich, Version 1, BIM.Hamburg, 2021

[15] Objektkatalog Geotechnik/Baugrund, Version V003, BIM.Hamburg, 2022

Wie können Ergebnisse der Bauwerksdiagnose dauerhaft zugänglich gemacht werden? – Eine Standortbestimmung

Martin SCHICKERT [1], Christof ULLERICH [2]
[1] Materialforschungs- und -prüfanstalt an der Bauhaus-Universität Weimar, Weimar
[2] Hamburg Port Authority AöR, Hamburg
Kontakt E-Mail: martin.schickert@mfpa.de

Kurzfassung

Bauwerksdiagnostische Verfahren – zerstörungsfrei, zerstörungsarm oder zerstörend – charakterisieren Bauteile und Bauwerke. Eine Vielzahl verschiedener Verfahren steht zur Verfügung, um gezielt Materialeigenschaften und innere Geometrien zu bestimmen und Fehler zu identifizieren.

Aus Sicht des Eigentümers von Bauwerken ist die Situation aber noch wenig zufriedenstellend. Die derzeitigen analogen Arbeitsabläufe führen zu zahlreichen Dokumenten und verstreuten Dateien in einer Vielzahl von Datenformaten. Durch die vielen Einzelberichte geht der Überblick verloren, welche Verfahren an welchem Bauteil mit welchem Ergebnis durchgeführt wurden. Die Informationen sind in langen Prüfberichten versteckt, Ergebnisse in Tabellen haben unklare Randbedingungen.

Um diese Situation zu verbessern, sind Fragen zu beantworten: Wie können Ergebnisse der Bauwerksdiagnose strukturiert und dauerhaft zugänglich gemacht werden? Welche Anforderungen an die Ergebnisform gibt es? Wie könnte eine Prozesskette für den digitalen Arbeitsablauf aussehen? Was bedeutet das für die Arbeitsweise der Prüfingenieure?

In einer geführten Diskussion zwischen einem Vertreter der Eigentümer- und Auftraggeberseite und einem Vertreter der Bauwerksdiagnose versuchen wir eine Standortbestimmung im Sinne einer digitalen Transformation der Bauwerksdiagnose. In einer Bestandsaufnahme benennen wir die Positionen und Probleme und schlagen Wege zur Lösung vor, die unter anderem auf dem Prozess des *Building Information Modeling* (BIM) beruhen.

Qualifizierung und Zertifizierung von Personal der zerstörungsfreien Prüfung im Bauwesen (ZfPBau)

Sascha FEISTKORN [1], Daniel ALGERNON [2], Ralf ARNDT [3], Gino EBELL [4], Martin FRIESE [5], Christian GROßE [6], Ralf HOLSTEIN [1], Ernst NIEDERLEITHINGER [4], Martin SCHICKERT [7], Sebastian SCHULZE [8], Alexander TAFFE [9], Andrei WALTHER [10], Julia WOLF [11], Andreas ZOËGA [12]

[1] Deutsche Gesellschaft für Zerstörungsfreie Prüfung (DGZfP), Berlin
[2] SVTI Nuklearinspektorat, Wallisellen, Schweiz
[3] Fachhochschule Erfurt, Erfurt
[4] Bundesanstalt für Materialforschung und -prüfung (BAM), Berlin
[5] Deutsches Zentrum für Schienenverkehrsforschung beim Eisenbahn-Bundesamt, Dresden
[6] Technische Universität München, Lehrstuhl für Zerstörungsfreie Prüfung, München
[7] Materialforschungs- und -prüfanstalt (MFPA) an der Bauhaus-Universität Weimar, Weimar
[8] Hupfer Ingenieure, Hamburg
[9] HTW - Hochschule für Technik und Wirtschaft Berlin, Berlin
[10] Kiwa GmbH, Berlin
[11] DB Engineering & Consulting GmbH, Umwelt, Geotechnik & Geodäsie Technologiezentrum, Bremen
[12] TFI Aachen GmbH, Aachen

Kontakt E-Mail: fe@dgzfp.de

Kurzfassung

Der Unterausschuss Ausbildung (UA-A) im Fachausschuss ZfP im Bauwesen (FA ZfPBau) wurde im Jahr 2018 mit dem Ziel reaktiviert, langfristig einheitliche Ausbildungsstandards für die ZfPBau zu etablieren. In der Gruppe „ZfPBau-Ausbildung in der Industrie“ wurden nach intensiven Diskussionen detaillierte theoretische und praktische Ausbildungsinhalte für grundlagen-, verfahrens- sowie für prüfaufgabenspezifische Module zusammengestellt. Nach Vorstellung des erarbeiteten Konzepts im Normenausschuss Materialprüfung (NMP) „Qualifizierung und Zertifizierung von Personal der zerstörungsfreien Prüfung“ wurde positiv über die Einrichtung eines nationalen Normungsprojekts zu diesem Thema entschieden, sodass die inhaltliche Arbeit an der Norm DIN 4871 mit dem Arbeitstitel „Zerstörungsfreie Prüfung - Qualifizierung und Zertifizierung von Personal der zerstörungsfreien Prüfung im Bauwesen (ZfPBau)" im Juni 2020 aufgenommen werden konnte. Unter Berücksichtigung der formalen Anforderungen an eine DIN-Norm sowie bereits bestehender Regelwerke wurden Verantwortlichkeiten, Qualifizierungsstufen, Zulassungsvoraussetzungen, Schulungsinhalte und -zeiten, Qualifizierungsprüfungen sowie eine mögliche Zertifizierung für ZfPBau Personal definiert.

Der erarbeitete Entwurf der DIN 4871 wurde im April 2021 dem NMP übergeben und konnte im September 2022 veröffentlicht werden.

Im Rahmen dieses Vortrags wird das erarbeitete Ausbildungskonzept unter Berücksichtigung der Besonderheiten der ZfPBau vorgestellt und im Kontext gültiger Regelwerke der Personalqualifizierung erläutert. Es werden die wichtigsten Aspekte der DIN 4871 zusammengefasst und zusätzlich Einblicke in den aktuellen Stand der Normung gegeben.

Chloridinduzierte Korrosion – Anwendung der Merkblätter B03 und B12 in der Praxis

Till Felix MAYER [1]
[1] Ingenieurbüro Schiessl Gehlen Sodeikat, München
Kontakt E-Mail: mayer@ib-schiessl.de

Kurzfassung

Chloridinduzierte Korrosion stellt für Infrastrukturbauwerke den zentralen Schädigungsmechanismus dar – und stellt uns gleichzeitig sowohl beim Auffinden aktiver Korrosion als auch bei der Messung und Bewertung des Korrosionsfortschritts z.B. nach einer Instandsetzungsmaßnahme immer wieder vor Herausforderungen.

Aktuell befassen sich gleich zwei Merkblätter der DGZfP mit diesem Themenkomplex: das Merkblatt B03 „Elektrochemische Potentialmessungen zur Detektion von Bewehrungsstahlkorrosion" und das Merkblatt B12 „Korrosionsmonitoring von Stahlbetonbauwerken". Allerdings unterscheiden sich beide Merkblätter sehr stark hinsichtlich Art und Anwendung der Verfahren; während in Merkblatt B03 mit der Potentialfeldmessung ein flächiges Verfahren mit ortsveränderlicher Bezugselektrode beschrieben wird, das nur zum Zeitpunkt der Messung selbst Rückschlüsse auf den Korrosionszustand erlaubt, werden in Merkblatt B12 Verfahren definiert, mit denen lokale, kontinuierliche Messungen über die Nutzungsdauer mit ortsfesten Sensoren durchgeführt werden können.

Der Beitrag zeigt anhand eines Beispiels, wie die in den beiden Merkblättern beschriebenen Verfahren bei der Zustandserfassung und -überwachung während der weiteren Nutzung kombiniert werden können, um eine wirtschaftliche und nachhaltige Instandhaltung von Infrastrukturbauwerken zu ermöglichen.

Anwendungen aktiver Thermografie im Hochbau

Georg DITTIÉ [1] Dittié Thermografie, Königswinter

Kontakt E-Mail: dittie@thermografie.de

Kurzfassung. Die aktive Thermografie spielt als zerstörungsfreies Diagnoseverfahren im Hochbau eine immer weiter zunehmende Rolle, wobei die Erfahrung als Bausachverständiger zeigt, dass die große Mehrheit der Prüfaufgaben immer gleich sind oder sich stark ähneln. Auf dem Poster wird eine Tabelle mit den Aufgabenstellungen gezeigt, die in der Praxis am häufigsten vorkommen und deshalb als Standardfälle angesehen werden können. Diese Tabelle soll Anwendern von Thermografie als ZfP-Verfahren zur Orientierung dienen, wie ein Standardprüffall erfolgversprechend zu bearbeiten ist und zu welchem Fall die geeigneten Kombination aus Anregungsmethode und -dauer, Aufnahmeart und Auswertemethode am besten passt. Rund um die Anwendungstabelle werden Beispiele zu den einzelnen Prüfaufgaben vorgestellt.

Einführung

Durch die Entwicklungen der letzten ca. 15 Jahre ist die Übertragung aktiver Thermografieverfahren in die Verhältnisse des Bauwesens so weit gediehen, dass sie als Standard angesehen werden dürfen und regelmäßig zum Einsatz kommen.

Dabei sind für die Gebäudeanalyse im Hochbau diese Möglichkeiten entstanden:

- Die aktive Thermografie ist saisonal und vom Messort unabhängig.
- Thermografische Verfahren sind zerstörungsfrei und daher wirtschaftlich sehr attraktiv.
- Durch die Erkundung von Verfahren, deren Möglichkeiten und den Einsatzlimits im Hochbau hat sich herausgestellt, dass aktive Thermografie sehr häufig, mit angemessenem Preis und ohne großen Aufwand durchgeführt werden kann.
- Aktive Thermografie eignet sich daher auch und insbesondere zur Lösung kleinerer und akuter Aufgabenstellungen.
- Aktive Thermografie stört nicht den Betrieb eines Gebäudes.

Es haben sich eine Reihe von Standardverfahren herauskristallisiert, die immer wieder so angewendet werden. Haupteinsatzgebiet ist die Untersuchung von Schäden an Gebäuden.

Obwohl die Möglichkeiten, Anwendungsmethoden und Einsatzgrenzen mittlerweile gut bekannt und verlässlich reproduzierbar sind, werden aktive Verfahren bislang nur von wenigen Bausachverständigen bewusst eingesetzt.

Zitat Benjamin Standecker vom VATh: „*Viele Kolleginnen und Kollegen wenden aktive Thermografie an, ohne sich dessen bewusst zu sein*“ (durch Aufnahmen nach nicht bewusst wahrgenommenen Aufheiz- oder Abkühlprozessen)

Im Hochbau liegt die Bedeutung der thermografischen Verfahren darin, dass neben der technischen Sicherheit mit der gewonnenen Information auch Recht gesprochen wird und der Streitwert dabei in fünf-, sechs und gar siebenstelliger Höhe liegen kann.

Um so mehr ist es notwendig, nachzuweisen, dass die aktiven thermografischen Verfahren auch im Hochbau Stand der Technik sind. Das soll das Merkblatt B05 in der Neuauflage leisten. Im Folgenden werden drei ganz typische Standardanwendungen vorgestellt, die auch als Beispiele in das neue Merkblatt einfließen

1. Anwendung an einem Wärmedämmverbundsystem

Aufgabenstellung: Auf der Innenseite eines Neubaugruppe sind stellenweise Feuchteschäden aufgetreten, wobei der Verdacht bestand, dass Wasser zwischen die Wärmedämmung und die tragende Wand eingedrungen ist. Mittels aktiver Thermografie soll das Wärmedämmverbundsystem aller drei Gebäude vollflächig auf eingedrungenes Wasser hin untersucht werden.

Verfahren: Es wird naturangeregte aktive Bauthermografie angewandt. Dabei wird ausgenutzt, dass feuchte Bausubstanz durch das eingedrungenen Wasser eine höhere Wärmekapazität als trockene hat und deshalb sich langsamer aufheizt- bzw. abkühlt. Feuchte Stellen werden sich nach einiger Zeit abweichend warm zeigen.

Anregung: Abendliche Abkühlung nach einem sonnigen Tag mit einer zu erwartenden Temperaturabsenkung von 8K und mehr (Voraussage Wetterdienst).

Aufnahme: Jeweils eine Einzelaufnahme einer Teilfläche: Zum vollflächigen Ablichten der zu untersuchenden Gebäude wurden etwa 20 – 25 Thermogramme benötigt. Um Störungen durch vorangegangene Sonneneinstrahlung/Abschattungen zu vermeiden, wurden die Aufnahmen ca. 30 Minuten nach Sonnenuntergang aufgenommen.

Auswertung: Level und Span anpassen, da während einer Abkühlphase aufgenommen wurde, nach wärmer gebliebenen Stellen suchen. Die erhöhte Wärmekapazität der durchfeuchteten Zonen zeigt sich als erhöhte Temperatur im sich abkühlenden Umfeld.

bb 1: Foto und Thermogramm eines WDVS mit undichtem Regenfallrohr (rot markiert)

An insgesamt drei Gebäuden konnte genau diese eine Schadensstelle sicher aufgefunden werden: Der Anschluss der Kanne des Regenfallrohrs an die Terrassenentwässerung ist undicht. Da alle anderen Teile des WDVS intakt sind, ist die Nachbesserung einfach und effektiv durchführbar. Besonders hervorzuheben ist hier, dass keine Flächen am WDVS geöffnet und damit zerstört und wieder hergestellt werden müssen, nur um weitere defekte Stellen zu suchen.

Abb 2: Das Thermogramm lässt den direkten Vergleich der schadhaften (feuchten) Zone mit einer trockenen zu. Die im Wasser gespeicherte Tageswärme lässt sich noch längere Zeit nach Sonnenuntergang nachweisen.

2. Anwendung Ursachenermittlung von Fleckbildungen an dünnen Putzschichten

Aufgabenstellung: An der Decke eines Schlafraumes, der auch als Sportraum genutzt wird, treten deutliche Flecken an der Anschlusskante zur Fensterwand auf. Es ist zu untersuchen, ob die Flecken durch eine Undichtigkeit der Terrasse über dem Raum oder durch zu hohe Luftfeuchtigeit im Raum verursacht werden . Je nach Befund sind sehr unterschiedliche Maßnahmen zur Behebung erforderlich: Die Erneuerung einer Terrassenabdichtung oder die Verbesserung der Lüftungssituation des Raumes – und natürlich die Klärung der Frage, wer diese Maßnahmen bezahlt. Im Vorfeld der Untersuchung kam es zur Auffassung, dass die allgemeine Luftfeuchte im Raum zu hoch sei und deshalb ein fehlerhaftes Nutzerverhalten vorliegt.

Verfahren: Es wird aktive Bauthermografie mittels künstlicher Aufheizung angewandt. Dabei wird ausgenutzt, dass feuchte Bausubstanz durch das eingedrungenen Wasser eine höhere Wärmekapazität als trockene hat und deshalb die Heizwärme nicht so schnell annimmt. Oberflächliche Schimmelschäden durch zu hohe Luftfeuchte weichen aber nicht in der Wärmekapazität ab.

Anregung: Aufheizung des ca. 15 m² großen Raumes mittels eines 3kW-Bauheizlüfters für fünf Minuten. Der Anstrieg der Lufttemperatur beträgt dabei um die 5 – 7 K.

Aufnahme: Jeweils eine Einzelaufnahme einer Teilfläche. Zum vollflächigen Ablichten der Schadensstellen werden ur wenige Thermogramme gebraucht.

Auswertung: Level und Span anpassen. Durchfeuchtete Stellen können der ansteigenden Temperatur nicht folgen und bleiben daher kühler als trockene, wobei in die Bausubstanz eingearbeitetes Dämmmaterial besonders schnell oberflächlich warm wird.

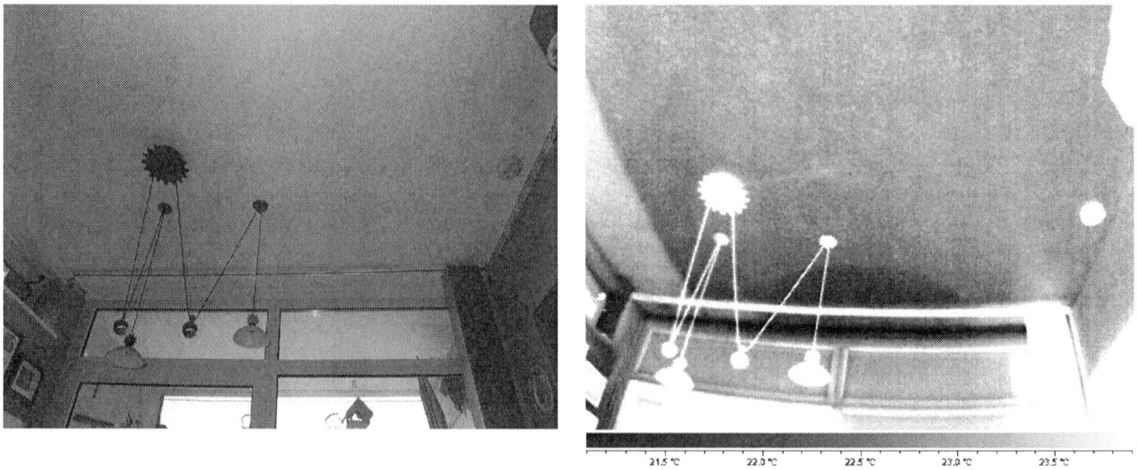

Abb 3: Zimmerdecke mit auffälligem Fleck am Fensterrahmen oben, rechts das zugehörige Thermogramm mit halbkreisförmiger kühler, weil feuchter Zone und links seitlich eingearbeitetem Dämmstreifen.

Nach kurzer Aufheizung zeigt sich eine kühl bleibende Zone im nur millimeterdünnen Deckenputz, deren Ausbreitungsmittelpunkt genau dort liegt, wo der sichtbare braune Fleck liegt: Es dringt Wasser von der darüber liegenden Terrasse ein, wobei es ein lokales Leck gibt. Ganz links in der Ecke am Fensterpfeiler gibt es eine zweite Eindringstelle: Fehlerhaftes Lüften liegt hier nicht vor, vielmehr ist die Terrasenabdichtung darüber undicht.

Dieses Beispiel zeigt besonders, wie auch bei sehr kleinen Fragestellungen Sicherheit durch aktive Thermografieverfahren geschaffen werden kann. Der Aufwand ist minimal: Zur IR-Kamera kommt nur ein tragbarer Heizlüfter und 5 Minuten Messzeit hinzu, so dass sich die zuständige Hausverwaltung bereit erklärt hat, zur Klärung dieses Falls eine objektive und zerstörungsfreie Untersuchung einzusetzen und ein unnötige Auseinandersetzung von vorneherein zu vermeiden.

3. Anwendung Nachweis von verborgenen Strukturen in nachträglich veränderten Bauwerken

Aufgabenstellung: Ein ehemaliger Pferdestall eines Gutshofs ist sehr aufwendig in gehobenen Wohnraum umgewandelt worden. In diesem Stall gab es auch eine Schmiedeesse zum Beschlagen der Pferde, die nach Um- und Ausbau nur überputzt, aber nicht vollständig entfernt wurde und deshalb bis jetzt stark riechende Verbrennungsprodukte (VOC) abgab, die sich im porenoffenen Ziegelmazerwerk über lange Jahre angereichert hatten. Mittels aktiver Thermografie ist die verborgene Esse in einer Trennwand aufzufinden und deren verbliebener Umfang festzustellen, damit die Esse entfernt werden kann, ohne den Gesamtausbau rückbauen zu müssen.

Verfahren: Es wird aktive Bauthermografie nach dem Puls-Phasen-Verfahren angewandt. Dabei wird ausgenutzt, dass die Esse von der Dichte, Wärmeleitung und der Wärmekapazität (zusammen Diffusivität) sehr inhomogen ist. Wegen der unbekannten Tiefe unter homogenem Putz ist mit sehr geringem Kontrast zu rechnen, daher ist die Nachweissicherheit der Puls-Phasen-Thermografie gefragt .

Anregung: Aufheizung in Frage kommenden Wandflächen mittels eines 3kW-Bauheizlüfters für 8 Minuten (währenddessen 48 Aufnahmen), danach Wiederabkühlung für weitere 8 Minuten (währenddessen weitere 48 Aufnahmen).

Aufnahme: Während der Aufheizung und Abkühlung alle 10 Sekunden ein Thermogramm, insgesamt 96. Die Zahl 96 ist kein Muß, optimiert aber etwas die Rechengeschwindigkeit der DFT-Auswertung.

Auswertung: Erstellung eines Phasenbildes per DFT. Das Phasenbild der 1. Harmonischen wird danach in Level und Span so angepasst, dass ein guter, qualitativer Kontrast entsteht. Wichtig ist der Hinweis, dass das Phasenbild keine Temperaturen mehr abbildet. Daher ist es wichtig hier die (überflüssige) Skalierung wegzulassen, um unnötige Diskussionen zu vermeiden.

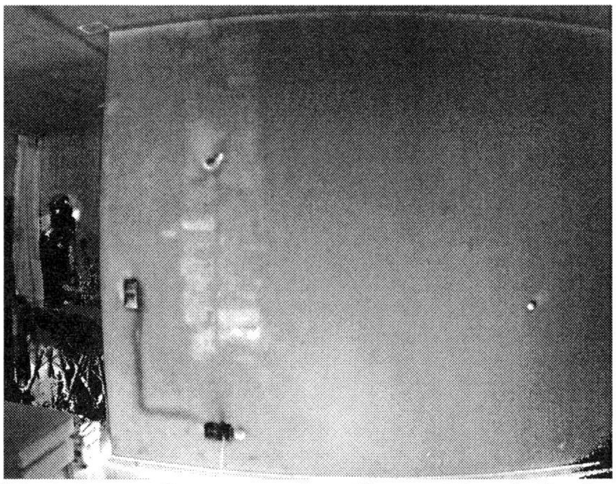

Abb 4: Die neu verputzte Trennwand mit der vermuteten Schmiedeesse, die unangenehme Teergerüche abgibt: Im Phasenbild ist Ort, Ausdehnung und Bauweise der ehemaligen Schmiedeesse in der Wand klar erkennbar.

Das Phasenbild der 1. Harmonischen bringt die Lage des verborgenen Esse sofort an den Tag: Ruß, Teere und die extremen Temperaturwechsel haben das Mauerwerk der Esse gegenüber der übrigen Wand aus porenoffenen Niederbrandziegeln sehr inhomogen werden lassen. Die Esse erstreckt sich ab Hüfthöhe bis über die Decke, ist aber sehr schmal, während die übrige historische Bausubstanz so erhalten werden kann.

Abb 5: Wie nötig die Puls-Phasen-Thermografie hier gewesen ist, zeigt der Vergleich zu einem Einzelbild am Ende der Aufheizphase: Die Esse ist allenfalls nur schwach und nicht in ihrer vollen Ausdehnung nachweisbar.

Jetziger Stand, Notwendigkeit von Regelwerken

Der jetzige Stand ist, dass die aktive Thermografie sich in der Regel als sehr einfaches Verfahren für die Alltagspraxis herausgestellt hat, dessen Aufwand kaum größer als der für die herkömmliche passive Gebäudethermografie ist. Die drei dazu vorgestellten Beispiele entstammen der neueren Praxis und stellen Stichproben aus dem Anwendungsalltag eines Bausachverständigen dar:

Die aktive Thermografie ist nach einiger Entwicklung zu einem Standardverfahren zur Bauwerksanalyse im Hochbau geworden. Darüber ist auch mehrfach schon berichtet worden [Lit 1 bis 5] Es stehen für die Standardanwendungen zur Bauwerksprüfung jetzt Handlungsanleitungen und Grenzwerte zur Anwendbarkeit zur Verfügung, die mit zunehmender Erfahrung erweitert werden.

Dabei ist zu beachten, dass es bei der Bauwerksanalyse um erhebliche Werte geht, entweder bei der Beseitigung von Schäden oder auch bei der juristischen Bewertung. Neben der Frage nach einer Schadensursache und den Kosten zu deren Beseitigung stellt sich ja auch die Frage, wer für diese Kosten aufkommt.

Um die Qualität und die Aussagesicherheit aktiver Thermografieverfahren zu gewährleisten, braucht es Standards. Insbesondere im juristischen Bereich ist der Nachweis erforderlich, dass die aktiven Verfahren „den allgemeinen Stand der Technik“ erreicht und keinen experimentellen Status mehr haben.

Dazu sind Regelwerke wie die Neuauflage des Merkblatts B05 unbedingt erforderlich, bevor Normen zum Thema langfristig entwickelt werden. [Lit 6] Insbesondere im juristischen Umfeld ist dann eine Anwendung moderner und objektiver Messverfahren wie der aktiven Thermografie möglich, wenn die immer wieder gestellte Frage, ob das Verfahren "Anerkannter Stand der Technik" sei, als gegeben vorrauisgesetzt werden kann.

Die vorläufige Anwendungstabelle

Anwendung	Anregung	Aufnahme	Auswertung
Feuchte, Fugen, Dübel in Wärmedämmung	Abendliche Abkühlung	Einzelaufnahme	Bearbeitung Einzelbild (Rauschen, Bildebnung)
Schichtablösungen außen	Besonnung, Temperaturanstieg	Einzelaufnahme	Bearbeitung Einzelbild (Level/Span, Bildebnung)
Feuchte Bausubstanz außen	Tagestemperaturgang vormittags und abends	Einzelaufnahme	Bearbeitung Einzelbild (Level/Span, Bildebnung)
Ablösung innen von Putz und Fliesen	Warmluftgebläse .	Einzelaufnahme	Bearbeitung Einzelbild (Level/Span)
Feuchtigkeit innen	Warmluftgebläse	Einzelaufnahme	Bearbeitung Einzelbild (Level/Span)
Ablösung innen von Farbe und Beschichtung	Warmluftgebläse, IR-Lampen	Einzelaufnahme	Bearbeitung Einzelbild (Level/Span)
Bauwerksstruktur außen (geringer Kontrast)	Besonnung, Tagestemperaturgang	Reihenaufnahme	Mittelwertbildung
Bauwerkstruktur innen (Oberfläche gestört)	Warmluftgebläse, IR-Lampen	Reihenaufnahme	Phasenbild

Ausblick:

Viele kleine Aufgaben wurden bislang per „Sichtprüfung“ und „qualitativer Bewertung“ beantwortet, was aber sehr unsicher und nicht objektiv nachvollziehbar sein kann. Durch die Subjektivität dieser altherkömmlichen Bewertungsmethoden von Bauschäden ist es regelmäßig zu Auseinandersetzungen gekommen.

Der geringe Mehraufwand der aktiven Bauthermografie in Standardanwendungen macht auch die Bearbeitung solcher Aufgaben sicher und objektiv durchführbar. Zur sowieso eingestztenIR-Kamera kommt lediglich ein Gerät zum Aufheizen wie ein Halogenstrahler oder ein Heizlüfter hinzu, bei Außenarbeiten ist lediglich der passende Aufnahmezeitpunkt zu wählen.

Das sollte sich in der Branche durchsetzen, wo zu eben sichere technische Grundlagen und weiterhin auch viele Präsentationen gehören, was moderne, objektive Messtechnik wie die aktive Thermografie im Hochbau zu leisten vermag.

Referenzen

[1] Ch. Maierhofer et al., Untersuchung der Putzritzungen am Magdeburger Dom mit aktiver Thermografie und optischen 3D-Messverfahren, Beitrag zum DGZfP Kolloquium 2013 in Stuttgart

[2] A. Brink et al., Anwendung der Impuls-Thermografie als quantitatives zerstörungsfreies Prüfverfahren im Bauwesen, NDT.issue 2002.11

[3] G. Dittié, Beitrag zum DGZfP Kolloquium 2019 in Halle

[4] G. Dittié, Beitrag M 1 B1 zur DACH-Jahrestagung 2015 in Salzburg

[5] G. Dittié, Beitrag 17 zur Fachtagung Bauwerksdiagnose 2016 der BAM in Berlin

[6] A. Walther, Merkblatt B 05 der DGZfP über das aktive Thermographieverfahren zur Zerstörungsfreien Prüfung im Bauwesen, April 2013

Verlängerung der Restnutzungsdauer von AKR- und Chlorid-geschädigten Parkbauten am Beispiel des Parkhauses am Holstentor in Lübeck

Dennis KAHL [1], Marc GUTERMANN[2]
[1] Ingenieurgesellschaft Experimentelle Statik (IGES), Bremen
[2] Hochschule Bremen
Kontakt E-Mail: Dennis.Kahl@ext.hs-bremen.de

Kurzfassung

Das Parkhaus am Holstentor in Lübeck wurde 1992 errichtet. 2017 wurde durch ein Sachverständigenbüro festgestellt, dass umfangreiche Instandsetzungsmaßnahmen notwendig sind, um den Betrieb des Parkhauses für eine Restnutzungsdauer von 2-3 Jahren aufrecht zu erhalten. Dabei waren sowohl statische als auch betontechnologische Sachverhalte zu berücksichtigen. Mit einem Konzept aus Instandsetzung, temporärer Verstärkung und Belastungsversuchen wurde bereits 2020 die ausreichende Tragsicherheit der Stahlbetonrahmenkonstruktion fest- und wiederhergestellt. Experimentelle Methoden loten die Tragwerksreserven bestehender Bauwerke aus und können selbst dann ein erfolgsversprechender Lösungsansatz sein, wenn umfangreiche rechnerische Analysen unbefriedigende Ergebnisse erzielt haben.

Mit einem anschließenden Monitoring wurde überwacht, ob sich der Zustand in den Folgejahren weiter verschlechtert. Anfang 2023 wurde der Zustand erneut begutachtet. Visuell identifizierte Verschlechterungen, insbesondere an den Bauwerksfugen, waren der Anlass, die Tragsicherheit der mangelbehafteten Stockwerksrahmen erneut mit Belastungsversuchen nachzuweisen. Mit einem erweiterten Monitoringkonzept sollt das Bauwerk weitere 2 Jahre fortgenutzt werden, bis ein Neubau den AKR- und Chlorid-geschädigten Bestand ersetzen muss.Nachzuweisen war die ausreichende Tragsicherheit der Stockwerksrahmen in mehreren Bauwerksachsen zwischen dem Erd- und 2. Obergeschoß im Bestand. Der Untersuchungsbereich wurde so eingerichtet, dass die maximale Versuchslast mit mobilem Belastungsgerät durch hydraulische Pressen im Kräftekreislauf auf den Rahmen eingeleitet werden konnte. Als Gegengewicht für die Versuchslasten wurde das Eigengewicht der 2 darunter- bzw. darüberliegenden Stockwerke genutzt.

Die Versuchsziellast ext $F_{Ziel} \leq 260$ kN wurde erreicht, ohne eines der definierten Abbruchkriterien (z. B. Einzelmesswerte: Rissweiten, Durchbiegung, Schubverformungen) zu verletzen. Dieses Projekt zeigt exemplarisch, dass eine umfassende Bauwerksanalyse die Basis für ein wirtschaftliches Instandsetzungskonzept sein muss. Neben einer klassischen fachmännischen Instandsetzung gut zugänglicher Bauteile konnte das Risiko anderer Bereiche aus einer Kombination von Sanierung, experimenteller Tragsicherheitsbewertung und Monitoring soweit minimiert werden, dass eine begrenzte Weiternutzung (2-3 Jahre) vertretbar war.

Literatur: Gutermann, M., Malgut, W.: „Experimentelle Methoden – ein alternativer Weg zum Tragsicherheitsnachweis von Parkbauten". Tagungsband 9. Kolloquium Parkbauten. TAE Esslingen, 04./05.02.2020.

Entwicklung einer verteilten Sensorelektronik zur energieeffizienten und proaktiven Instandhaltung von Bauwerken

Ute RABE [1], Ralf MORYSON [1], Jan OSWALD [1], Hendrik THEADO[1], Dirk KOSTER [1]
[1] Fraunhofer IZFP, Campus E3.1, Saarbrücken, Deutschland
Kontakt E-Mail: ute.rabe@izfp.fraunhofer.de

Kurzfassung

Eine Dauerüberwachung in Kombination mit lokaler zerstörungsfreier Prüfung in ausgewählten schadensrelevanten Bereichen kann die vorbeugende Instandhaltung von Bauwerken erleichtern. Im Verbundprojekt „Verteilte Sensorelektronik zur energieeffizienten und vorausschauenden Instandhaltung von Bauwerken - ImaB-Edge“ soll ein Gesamtsystem entwickelt werden, das die Erfassung, Auswertung und Fusion von Monitoring- und ZfPBau-Daten unterstützt. Das Vorhaben wird vom BMBF im Rahmen des Programms „Elektroniksysteme für vertrauenswürdige und energieeffiziente dezentrale Datenverarbeitung im Edge-Computing (OCTOPUS)“ gefördert. Die Forschungspartner Fraunhofer IZFP, Fraunhofer IPMS und BAM erarbeiten zusammen mit Industriepartnern und Anwendern zunächst ein Konzept für ein Gesamtsystem, bestehend aus einem EDGE-Gateway als zentralem hoch performantem Knoten und einer variablen Anzahl von Sensor-EDGE Einheiten, die die Verbindung zwischen den Sensoren des permanenten Monitoringsystems und dem EDGE-Gateway herstellen. Das EDGE-Gateway stellt zusätzlich a-priori-Informationen zur Verfügung und stellt die Verbindung mit der Cloud her. Um die erforderliche Rechenleistung energieeffizient zur Verfügung zu stellen, werden seitens der Elektronik RISC-V Prozessoren und Hardware-Beschleuniger eingesetzt. In diesem Beitrag wird das Konzept des Gesamtsystems vorgestellt.

Mehrwert der Objektbezogenen Schadensanalyse für das Bauwerkserhaltungsmanagement

Till BRAUER [1], Sascha NOWAK [1]
[1] Landesbetrieb Straßenwesen Brandenburg, Hoppegarten
Kontakt E-Mail: Till.Brauer@LS.Brandenburg.de

Kurzfassung

Die objektbezogene Schadensanalyse ist ein wichtiges Werkzeug zur Bewertung des Bauwerkszustandes. Durch sie lassen sich wichtige Informationen über den Zustand von Brückenbauwerken gewinnen – insbesondere wenn die Ursache, der Umfang oder die Auswirkung von Bauwerksschäden unklar sind.

Im Erhaltungsmanagement für Brücken ergibt sich durch die konsequente und bedarfsorientierte Durchführung von objektbezogenen Schadensanalysen ein deutlicher Mehrwert. Die vorgesehenen Maßnahmen können hierdurch verifiziert werden. Des Weiteren kann der erforderliche Maßnahmenzeitpunkt exakter bestimmt, sowie die richtige Maßnahmenart festgelegt werden. Darüber hinaus ist zu erwarten, dass die Maßnahmenplanung (insb. bei Verstärkungen und Grundhaften Instandsetzungen) effizienter umgesetzt werden kann, da umfangreiche Grundlagedaten zuvor durch die Untersuchungen der OSA ermittelt worden sind.

In dem Poster soll die entsprechende Interaktion zwischen Bauwerksbewertung und Bauwerksmanagement visualisiert werden. Hierbei sollen die Mehrwerte der Objektbezogen Schadensanalyse für das Erhaltungsmanagement hervorgehoben werden, so dass die Ansätze des LS auf der Fachtagung Bauwerksdiagnose 2024 mit der Fachöffentlichkeit diskutiert werden können.

Ultraschalluntersuchungen zur Sicherstellung der nachträglichen Verankerung von Spanngliedern

David CZESCHKA [1], Gregor SCHACHT [1], Johannes DIERS [1]
[1] MKP, Hannover
Kontakt E-Mail: david.czeschka@marxkrontal.com

Kurzfassung

Beim abschnittsweisen Rückbau von Spannbetonbrücken ergeben sich häufig Zustände, in denen Spannglieder abseits von Ankerkonstruktionen durchtrennt werden müssen. Für eine wirtschaftliche Ausführung des Rückbaus kann jedoch die weitere statische Nutzung der durchtrennten Spannglieder erforderlich sein. Die Neuverankerung kann über Verbund geschehen. Voraussetzung dafür ist einerseits ein ausreichend guter Verpresszustand, andererseits ein gutes Betongefüge, um die resultierenden Spaltzugkräfte aufnehmen zu können.

Im Zuge des Rückbaus der Talbrücke Unterrieden wurden umfangreiche Untersuchungen zur nachträglichen Verankerung durchgeführt. Mithilfe des Ultraschallverfahrens wurden im Vorfeld der geplanten Trennschnitte Untersuchungen bezüglich des Betongefüges und des Verpresszustandes durchgeführt. Unmittelbar vor und nach dem Durchtrennen der Spannglieder wurden zusätzliche Messungen durchgeführt, um eine mögliche Spaltrissbildung im Zuge der Neuverankerung zu detektieren.

Mithilfe von Ultraschalluntersuchungen können während der Rückbauplanung von Spannbetonbrücken frühzeitig wichtige Erkenntnisse über das Betongefüge und den Verpresszustand gewonnen werden. Die Informationen ermöglichen es bereits in einem frühen Stadium auf Abweichungen zum Soll-Zustand zu reagieren und erhöhen damit die Planungs- und Ausschreibungssicherheit.

Auf dem Poster werden die Untersuchungsstellen im Kontext des Rückbaus sowie die Messergebnisse der Ultraschalluntersuchungen mitsamt Erläuterungen dargestellt.

Potenziale verteilter faseroptischer Sensoren für die Langzeitüberwachung von durch Spannungsrisskorrosion gefährdeten Bauwerken

Balthasar NOVÁK [1], Franziska STEIN [1], Jochen REINHARD [2], Andrian DUDONU [1]
[1] Universität Stuttgart, Institut für Leichtbau Entwerfen und Konstruieren, Stuttgart
[2] Schömig-Plan Ingenieurgesellschaft mbH, Kleinostheim

Kontakt E-Mail: franziska.stein@ilek.uni-stuttgart.de

Kurzfassung

Aufgrund der Altersstruktur der Brücken in Deutschland und des überproportional steigenden Schwerlastverkehrs werden umfängliche Erhaltungsmaßnahmen zur Aufrechterhaltung des Infrastrukturnetzes erforderlich. Einen Großteil der Bestandsbrücken der Bundesfernstraßen bilden Spannbetonbrücken, gemessen an der Brückenfläche. Ende der 1950er bis Anfang 1970er-Jahre wurden in einem Teil des aktuellen Brückenbestands hochfeste vergütete Spannstähle mit erhöhter Empfindlichkeit für Spannungsrisskorrosion (SpRK) verbaut. Gemäß der Handlungsanweisung Spannungsrisskorrosion ist für SpRK-gefährdete Bauwerke eine Prüfung des Überbaus auf Risse zur Kontrolle des Riss-vor-Bruch-Kriteriums erforderlich. Insbesondere für Bauwerksbereiche mit eingeschränkter Einsicht kann ein Bauwerksmonitoring als Unterstützung der visuellen Bauwerksprüfung erforderlich werden. Verteilte faseroptischer Sensoren bieten neue messtechnische Möglichkeiten für ein großflächiges Rissmonitoring zur frühzeitigen Erfassung von Zustandsveränderungen vor dem Hintergrund des Riss-vor-Bruch-Kriteriums.

An einer Autobahngroßbrücke mit SpRK-empfindlichem Spannstahl und nachgewiesenem Ankündigungsverhalten wurden im Zuge eines Pilotprojekts 16 verteilte faseroptische Sensoren mit bis zu 100 m Messlänge als Dauermonitoringsystem zur kontinuierlichen Detektion, Lokalisierung und Quantifizierung von Rissentwicklungen installiert. Das Messsystem wird im Zuge einer präventiven Erhaltungsstrategie kontinuierlich über eine voraussichtliche Periode von 5 Jahren betrieben. Die Langzeitmessungen zeigen das Potenzial verteilter faseroptischer Sensoren, Rissentwicklungen kontinuierlich zu detektieren und zu quantifizieren. Die messtechnisch erfassten Rissorte können als Unterstützung der Bauwerksprüfung z. B. zur ortsgenauen Detektion visuell nur schwer erfassbarer Risse oder messtechnischen Ergänzung der Risskartierung herangezogen werden. Über die großflächige messtechnische Erfassung gerissener Bauwerksbereiche lassen sich die Zustands- und Steifigkeitsannahmen durch Langzeitmessungen oder Kurzzeitmessungen im Zuge einer Probebelastung überprüfen. Anhand von exemplarischen Messergebnissen aus dem Pilotprojekt werden die Potenziale verteilte faseroptische Sensoren als weiteres Werkzeug für die präventive und reaktive Erhaltungsplanung demonstriert.

Digitale Werkzeuge für die moderne Bauwerksdiagnose

Stefan KRAUS [1]
[1] Bundesanstalt für Straßenwesen, Bergisch Gladbach
Kontakt E-Mail: kraus@bast.de

Kurzfassung

Die regelmäßige Bauwerksprüfung und -diagnose ist unabdingbar um die Sicherheit und Zuverlässigkeit von Brückenbauwerken zu gewährleisten. Viele dieser Arbeiten werden aktuell noch analog durchgeführt. Digitale Werkzeuge für die Bauwerksdiagnose bieten die Möglichkeit, die Prüfenden vor Ort bei ihrer Arbeit zu unterstützen und die Dokumentation während und nach der Prüfung erheblich zu erleichtern.

Ein vielversprechendes Werkzeug ist die „Augmented Reality" (kurz AR). AR-Anwendungen stellen in Echtzeit zusätzliche Informationen in digitaler Form zur Verfügung. Technisch besonders geeignet sind AR-Brillen, welche mittels stereographischer Projektion die zusätzlichen Informationen in das Sichtfeld der Prüfenden einblenden, während beide Hände für Prüfarbeiten frei bleiben. Zwar verursachen AR-Brillen aktuell noch einen größeren technischen Aufwand, die Entwicklung hin zur Alltagstauglichkeit schreitet allerdings zügig voran. Alternativ ist der Einsatz von Tablets möglich, bei welchen die Informationen auf dem Bildschirm mit Aufnahmen der realen Bauteile überlagert werden.

AR-Anwendungen bieten die Möglichkeit, digitale Pläne in Form von BIM-Modellen (BIM: Building Information Modelling) mit dem jeweiligen Bauwerk zu überlagern und zu vergleichen. Mit diesen BIM-Modellen lassen sich weitere Bauwerksinformationen verknüpfen und bauteilbezogen verorten. Eine beispielhafte Anwendung ist die Überlagerung von Messergebnissen der zerstörungsfreien Prüfung – z.B. Radargramme – mit dem realen Bauwerk, welche im zugehörigen Modell hinterlegt und am Bauwerk lokalisiert werden. Dieser „Blick ins Bauwerk" ermöglicht die Begutachtung von Messergebnissen direkt vor Ort. Bei entsprechender Rechenleistung ist es ebenfalls möglich, vor Ort weiterführende Auswertungen durchzuführen. Ein wichtiger Vorteil von AR ist die stark vereinfachte Möglichkeit zur Historisierung von Bauwerksdaten und Prüfergebnissen. So können fotografisch erfasste Schäden und zugehörige Notizen mittels der AR-Geräte im BIM-Modell verortet und zu einem späteren Zeitpunkt wieder abgerufen werden. Auch kontinuierlich aufgezeichnete Monitoring-Daten lassen sich im zeitlichen Verlauf vor Ort betrachten und können so bei der Bauwerksprüfung unterstützen. Ohne BIM-Modell besteht ebenfalls die Möglichkeit, sich mit einem entsprechenden AR-Gerät relativ zum untersuchten Bauwerk zu lokalisieren um die beschriebenen AR-Anwendungen zu benutzen.

Die genannten AR-Anwendungen testen wir prototypisch an einem in der BASt befindlichen Exponat um die Potentiale dieser digitalen Werkzeuge abschätzen zu können und im nächsten Schritt bei der Überführung dieser in die Praxis zu unterstützen.

Verbesserung der Kreislaufwirtschaft im Bauwesen durch Bauwerksdiagnose: Ein Einblick in das Projekt REINCARNATE

Sabine KRUSCHWITZ [1], Christoph VÖLKER [1], Ghezal Ahmad ZIA [1],
Benjamin MORENO TORRES [2], Timo HARTMANN [2]
[1] Bundesanstalt für Materialforschung und -prüfung, Berlin, Unter den Eichen 87
[2] Technische Universität Berlin, Gustav-Meyer-Allee 25, Berlin
Kontakt E-Mail: sabine.kruschwitz@bam.de

Kurzfassung

Das EU-finanzierte Projekt REINCARNATE, im Rahmen des Horizont Europa Programms, setzt neue Maßstäbe in der Kreislaufwirtschaft des Bauwesens durch den Einsatz fortschrittlicher Bauwerksdiagnose-Tools. Diese Werkzeuge, insbesondere die Zerstörungsfreie Prüfung (ZfP), spielen eine zentrale Rolle bei der Förderung der Zirkularität in der Baubranche.

Die ZfP ermöglicht es, die Qualität und Eignung von Baumaterialien präzise zu bestimmen, ohne diese zu beschädigen. Dies ist entscheidend für die Wiederverwendung und das Recycling von Baustoffen und trägt wesentlich zur Reduzierung des Bauabfalls bei. Durch die Integration dieser Technologie in die Planungs- und Entwurfsphase können Architekten und Ingenieure aktiv einen nachhaltigeren Bauprozess fördern.

REINCARNATE verbindet diese Diagnosemethoden mit digitalen Innovationen wie der Technologie des digitalen Zwillings und KI-gesteuerten Lösungen. Diese Kombination ermöglicht eine noch genauere und effizientere Bewertung und Nutzung von Baustoffen, was die Wiederverwendbarkeit und das Recycling verbessert.

Im Rahmen des Projekts werden elf Demonstrationsprojekte in ganz Europa umgesetzt, die die praktische Anwendung dieser Technologien zeigen. Diese Projekte demonstrieren, wie ZfP und digitale Werkzeuge zusammenwirken, um Materialien, die traditionell als Abfall angesehen werden, in wertvolle Ressourcen umzuwandeln.

Das Ziel von REINCARNATE ist eine 80-prozentige Verringerung der Bauabfälle und eine 70-prozentige Reduzierung des CO2-Fußabdrucks. Mit diesem Beitrag demonstrieren wir eine klare, umsetzbare Anleitung für die Bauindustrie, wie Innovationen in die Praxis umgesetzt werden können. Wir präsentieren greifbare Strategien zur Implementierung nachhaltiger, zirkulärer Praktiken im Bauwesen und markiert einen Wendepunkt in Richtung einer nachhaltigeren Bauindustrie.

Mikrowellen-Feuchtemessung in Schichtaufbauten

Arndt GÖLLER [1], Björn JUNGSTAND [1]
[1] hf sensor GmbH, Leipzig
Kontakt E-Mail: sales@hf-sensor.de

Kurzfassung. Im Zusammenhang mit der energetischen Ertüchtigung und Sanierung von Gebäudehüllen kommen seit Jahren mehrschichtige Außenwandkonstruktionen zum Einsatz. Häufig wurden solche Konstruktionen an Bestandsbauten mangelhaft dimensioniert, mit den falschen Materialkombinationen errichtet oder unsachgemäß ausgeführt, so dass oft Feuchteschäden im Inneren der Bauteile an den Grenzen der verschiedenen Baustoffe auftreten. Zur Erkennung und Beseitigung der Schäden besteht ein großer Markbedarf an zerstörungsfreier Materialfeuchtemessung in Mehrschichtaufbauten, der in den kommenden Jahren noch wachsen wird. Für solche Messaufgaben gab es jedoch lange Zeit im weltweiten Maßstab keine zerstörungsfrei arbeitende technische Lösung.

Einen für derartige Aufgabenstellungen sehr gut geeigneten Lösungsansatz bietet das Mikrowellen-Rasterfeuchtemessverfahren mit Sensoren verschiedener Eindringtiefen. Diese werden bei gleicher Messfrequenz möglich durch unterschiedliche elektromagnetische Wirkprinzipien der eingesetzten Mikrowellen-applikatoren. Dem liegt zugrunde, dass sich für jeden Mikrowellenapplikatortyp gemäss seiner Feldgeometrie oder Abstrahlungscharakteristik die Abnahme des elektrischen Feldes in Abhängigkeit vom Abstand in Richtung der Flächennormalen zur Applikatorfläche, d.h. in der jeweiligen Tiefenstufe, unterschiedlich auswirkt.

Bisher stellte das oszillierende Verhalten des Reflexionsfaktors vorrangig von Antennen in Abhängigkeit von der Schichtdicke eine Einschränkung des reflektiven Mikrowellenverfahrens zur Feuchtemessung in Schichtaufbauten dar, da dieser Effekt zu Mehrdeutigkeiten bei der Auswertung der Messungen führen kann. Dies betrifft sowohl absolute als auch relative Feuchtemessungen in Schichtaufbauten.

Für die Lösung dieses Problems konnte nun ein neuer, sehr vielversprechender Ansatz gefunden werden, der auf der dielektrischen Modellierung verschiedener realer Schichtaufbauten und Bauteilkonstruktionen beruht. Dabei werden die in Frage kommenden Schichtaufbauten hin-sichtlich der Abfolge der einzelnen Schichten, deren dielektrischer Eigenschaften und Dicken charakterisiert. Zur praktischen Umsetzung dieses Modells wurden Permittivitäten verschiedener Baustoffe messtechnisch ermittelt. Diese Daten fanden Eingang in Modelle realer Schichtaufbauten. Mit deren Hilfe konnte der Einfluss der Materialfeuchte in ausgewählten Schichten rechnerisch abgeschätzt und durch Messungen bestätigt werden.

1. Einführung

Im Bauwesen bestehen immer mehr Wand- und Bodenaufbauten nicht nur aus einfachen homogenen Baustoffen wie einschaligem Ziegelmauerwerk, sondern werden aus mehreren

Lagen verschiedener Baustoffe aufgebaut. Durch falschen Einbau, fehlerhafte Dimensionierung oder Materialschäden können Feuchteschäden vor allem an den inneren Grenzen der Materialschichten auftreten. Mit mikrowellenbasierten Rasterfeuchtemessungen lassen sich derartige Feuchteschäden klassifizieren und zuordnen [1][2] [3].

Mikrowellen–Feuchtemessverfahren beruhen auf den herausragenden dielektrischen Eigenschaften des Wassers. Diese werden durch die Permittivität beschrieben, die bei Wasser besonders stark ausgeprägt ist. Im Mikrowellenbereich wird die ausgepräge Polarisierbarkeit der Wassermoleküle noch durch dielektrische Verluste ergänzt, die auf die starken Bindungen der Wassermoleküle untereinander zurückzuführen sind.

Üblicherweise kommen für Bauanwendungen nur reflektive Mikrowellen-anordnungen in Frage, da sie von einer Seite des Bauwerks aus betreibbar sind. Bei derartigen Anordnungen wird aus einer Antenne eine elektromagnetische Welle ins Material eingestrahlt oder es dehnt sich das elektromagnetische Feld einer Streufeld-Anordnung (z.B. offener Resonator) in das Material aus. Durch die Kombination dieser Wirkprinzipien sind mit Mikrowellen-Anordnungen zerstörungsfrei Feuchtemessungen in verschiedenen Schichten eines Bauobjekts möglich. Gemessen werden sowohl die ins Material hineinlaufende elektromagnetische Welle als auch die vom Material reflektierte Welle. Der sogenannte Reflexionsfaktor ρ ist der Quotient aus rück- und hinlaufender Welle

$$\rho = \frac{u_{rück}}{u_{hin}}. \qquad (1)$$

Mikrowellen-Feuchtemessverfahren gehören zu den indirekten Messverfahren. Das Messergebnis von Mikrowellensensoren ist daher zunächst keine direkte Angabe der absoluten Materialfeuchte nach Definition, sondern ein Äquivalent zum Mikrowellen-Reflexionsfaktor gemäß (1). Der sogenannte Feuchteindex FI entsteht aus der Multiplikation des Reflexionsfaktors mit einem festen Faktor gemäß

$$FI = 4000 * \rho. \qquad (2)$$

2. Mikrowellensensoren verschiedener Feldgeometrien und Wechselwirkunsvolumina

Von besonderer Bedeutung für Feuchtemessungen in verschiedenen Objekten ist die Möglichkeit der Messung in verschieden tiefen Materialschichten. Diese wird bei gleicher Messfrequenz möglich durch unterschiedliche elektromagnetische Wirkprinzipien der eingesetzten Mikrowellenapplikatoren. Das von diesen erzeugte elektrische Feld fällt mit wachsendem Abstand von ihrer Oberfläche exponentiell ab. Durch Entwicklung in eine Taylorreihe kann die Feldverteilung des elektrischen Feldes von Streufeldapplikatoren näherungsweise mit der Basisbeziehung

$$E \sim \frac{1}{r^2} \qquad (3)$$

beschrieben werden, wobei r den Abstand zum Applikator darstellt. Für Strahlungsfeldanordnungen (Antennen) gilt im Fernfeld hingegen näherungsweise

$$E \sim \frac{1}{r} \quad . \qquad (4)$$

Die elektrische Feldstärke von Streufeldapplikatoren reduziert sich daher bei gleicher Entfernung sehr viel schneller als die von Strahlungsfeldapplikatoren. Dies hat zum einen große Unterschiede bei der maximalen Eindringtiefe zur Folge, die bei der typischerweise verwendeten ISM–Frequenz 2,45 GHz für reine Streufeldapplikatoren etwa 2 - 3 cm beträgt, für kommerziell verfügbare Strahlungsfeldapplikatoren hingegen bis zu 25 cm.

Mischformen von Resonatoren und Antennen ermöglichen weitere Tiefenabstufungen, während höher bündelnde Antennentypen noch höhere Eindringtiefen zulassen.

Tabelle 1. Feldreichweiten und Auflösung verschiedener Applikatortypen

Applikatortyp	räuml. Auflös.	Feldreichweite	Messvolumen
Streufeld linear (Leitungen)	mm	mm	einige mm^3
Streufeld linear (Resonatoren)	mm	cm	einige cm^3
Streufeld rund, symmetrisch	cm	cm	bis 100 cm^3
Strahlungsfeld, planar, ungerichtet	cm	dm	bis zu 10 l
Strahlungsfeld, planar, gerichtet	cm	dm bis m	bis zu 200 l

Dem liegt zugrunde, dass sich für jeden Mikrowellenapplikatortyp gemäss seiner Feldgeometrie oder Abstrahlungscharakteristik die Abnahme des elektrischen Feldes in Abhängigkeit vom Abstand in Richtung der Flächennormalen zur Applikatorfläche, d.h. in der jeweiligen Tiefenstufe, unterschiedlich auswirkt. Als Bezugspunkt innerhalb der Tiefenschicht galt dabei der Mittelpunkt in Richtung der Flächennormalen zur Applikatorfläche.

Unterschiedliche Feldgeometrien wie in Tabelle 1 dargestellt korrespondieren mit unterschiedlichen Mikrowellenanordnungen für verschiedene Schichten. Derzeit sind Sensoren für Schichttiefen bis 3 cm, 6 cm, 10 cm, 25 cm und bis 80 cm verfügbar. So kann an homogenen Materialien eine Tiefenstufung in insgesamt 5 Einzelstufen vorgenommen werden, wovon sich 4 im Bereich der üblicherweise am Bau benötigten Eindringtiefen bewegen.

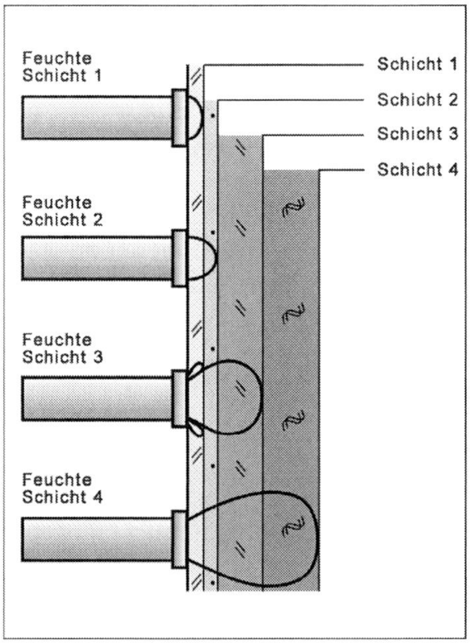

Abb. 1. Tiefenwirkung verschiedener Mikrowellenfeuchtesensoren

Aus Abb. 1 wird ersichtlich, dass gleiche Schichten eines Untersuchungsobjekts von verschiedenen Applikatoren unterschiedlich bewertet werden. Die Energie der Oberflächenapplikatoren verbleibt vollständig in der oberflächlichen Schicht. Bei den Strahlungsfeldapplikatoren ist die Wechselwirkung mit der obersten Schicht hingegen nur gering ausgeprägt, der grösste Teil der Mikrowellenenergie wechselwirkt in den tieferen Schichten.

3. Oszillation des Mikrowellen-Reflexionsfaktors an Schichten geringer Dicke

Das reflektive Feuchtemessverfahren kann zur eindeutigen Ermittlung absoluter Feuchtewerte z.B. in Masse- oder Volumenprozent nur an homogenen Materialien mit einer Schichtdicke größer als die Feldreichweite des jeweiligen Mikrowellenapplikators eingesetzt werden.

Das Kriterium einer Mindestdicke eines homogenen Materials ist an dünnen Wänden, an Baustoffen mit Hohlräumen zur Wärmeisolation wie Poroton oder Hohlblocksteinen oder an mehrschichtig aufgebauten Baukörpern nicht gegeben. An der Rückseite jeder Materialschicht wird die elektromagnetische Welle durch den erneuten Übergang in Luft oder in Dämmstoffe nochmals reflektiert, ebenso beim Übergang aus Luft oder aus einer Dämmstoffschicht in ein darunter oder dahinter liegendes Material . Diese Rückseiten-Reflexionen überlagern sich – teilweise mehrfach - den am Eingang des Mikrowellen-Applikators gemessenen Reflexionsfaktor-Anteilen, die beim Eintritt der Welle an der Stirnfläche des Materials entstehen. Der Effekt ist allerdings auch feuchteabhängig.

Der (feuchteabhängige) Reflexionsfaktor eines flächig ausgedehnten Volumenelements wie z.B. einer Bauteilschicht lässt sich in erster Näherung durch die Funktion

$$\rho = \frac{(1 - \underline{\varepsilon}_m)(1 - e^{-2\gamma d})}{(1 + \sqrt{\underline{\varepsilon}_m})^2 - (1 - \sqrt{\underline{\varepsilon}_m})^2 \, e^{-2\gamma d}} \qquad (5)$$

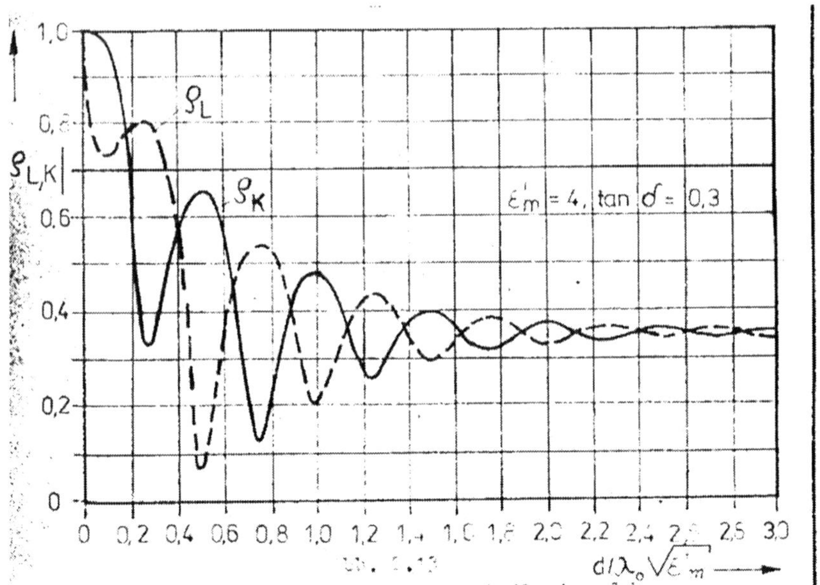

Abb. 2. Schichtdickenabhängige Oszillation des Reflexionsfaktors dargestellt an einem Beispiel

beschreiben [4]. Dabei ist ρ der Reflexionsfaktor, ε_m = f (F) die von der Feuchtigkeit abhängige Permittivität des Materials sowie d die Dicke der Bauteilschicht. Damit ergibt sich eine über die Tiefenausdehnung des Materials je nach Verlusten (Feuchtegehalt) mehr oder weniger stark oszillierende Funktion, die für verschiedene Abschlüsse in Abb. 2 dargestellt ist. Das bedeutet für die Messpraxis: Bei bestimmten Bauteildicken steigt der Reflexionsfaktor und damit der Feuchteindex nicht mit wachsender Feuchte an, sondern er weist eine fallende Kennlinie auf.

Das von einem Messkopf mit integrierter Patch-Antenne erfasste Wechselwirkungsvolumen reicht in festen, homogenen Materialien bis in eine Tiefe von etwa 25 cm, abhängig von deren Dichte. Je höher die Dichte, desto geringer die Eindringtiefe. Das bedeutet, dass sich z.B. in einem Schichtaufbau mit fünf Schichten das mit (5) beschriebene Verhalten von bis zu fünf hintereinander liegenden Bauteilschichten überlagert.

Das oszillierende Verhalten des Reflexionsfaktors in Abhängigkeit von der Schichtdicke ist daher bei Schichtaufbauten ein Nachteil des reflektiven Mikrowellenverfahrens zur Feuchtemessung, da dieser Effekt zu Uneindeutigkeiten bei der Auswertung der Messungen führen kann. Dies betrifft sowohl absolute als auch relative Feuchtemessungen in Schichtaufbauten.

4. Lösung: Modellierung mit Hilfe von Leitungsmodellen

Dieses scheinbare Problem ist allerdings der Schlüssel zu einer verbesserten Tiefenauflösung zerstörungsfreier Mikrowellen-Feuchtemessungen. Hierzu wurde für in der Baupraxis häufig auftretende Schichtaufbauten eine Modellbildung gestartet, bei der diese hinsichtlich der Abfolge der einzelnen Schichten, deren dielektrischer Eigenschaften und Dicken charakterisiert wurden. Dazu gehören u.a., aber nicht ausschließlich

- Flachdach-Aufbauten
- Fußboden-Aufbauten mit schwimmenden Estrichen
- Fassaden mit Wärmedämm-Verbundsystemen
- Holzwand-Konstruktionen mit WDS.

Diese sind alle dadurch gekennzeichnet, dass sie aus zwei bis acht Schichten verschiedener Baustoffe mit verschiedenen Permittivitäten bestehen. Die dielektrischen Eigenschaften dieser Baustoffe sind entweder aus der Literatur bekannt, oder sie können messtechnisch erfasst werden. So wurden für die Modellbildung u.a. die Permittivitäten von Polymer-Bitumenbahnen, XPS-Dämmung und EPS-Dämmung messtechnisch ermittelt.

Bei nichtmagnetischen Materialien lassen sich die einzelnen Baustoffschichten vereinfacht jeweils in z-Richtung als ein Abschnitt einer elektrischen Leitung (siehe Abb. 3) mit der Abschlussimpedanz Z_A auffassen, deren Eigenschaften wie Eingangsreflexionsfaktor ρ, Leitungsimpedanz $Z_L = f(\varepsilon_r)$ und elektrische Länge $l_{el} = l_{mech} * \sqrt{\varepsilon_r}$ von der Dicke der Schicht und deren Permittivität abhängen.

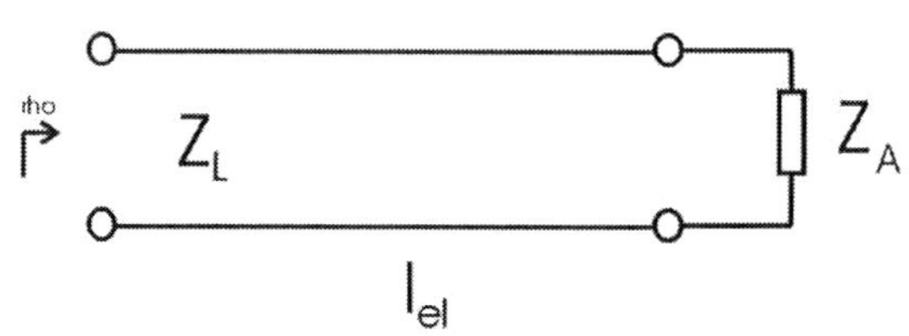

Abb. 3. Modell einer elektrischen Zweidrahtleitung

Wenn die Dicken der einzelnen Materialschichten bekannt sind, kann mit Hilfe dieses Leitungsmodells deren Mikrowellen-Reflexionsverhalten berechnet werden.

In Abb. 4 ist ein solches Schichtenmodell für einen Aufbau bestehend aus n Schichten mit den jeweiligen Wellenwiderständen $Z_{L,1}$ ... $Z_{L,n-1}$ der Schichten 1 bis n-1, der Abschlussimpedanz Z_A der untersten Schicht n und den elektrischen Dicken der jeweiligen Schichten $d_{el,1} = d_{mech,1} * \sqrt{\varepsilon_{r,1}}$ bis $d_{el,n} = d_{mech,n} * \sqrt{\varepsilon_{r,n}}$ dargestellt.

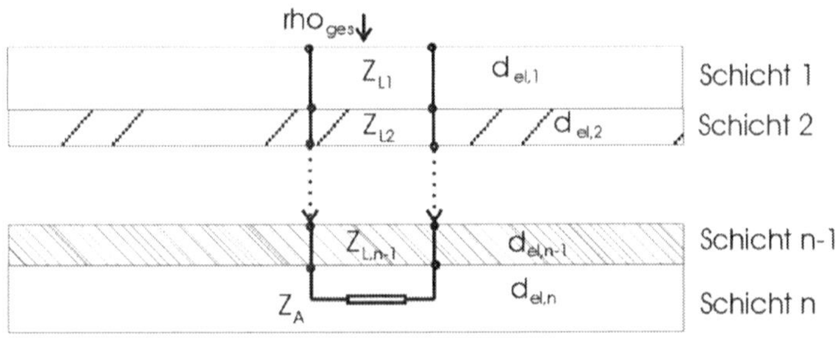

Abb. 4. Bild Schichtenaufbau modelliert mit Leitungselementen

Nachfolgend werden in Tabelle 2 bis 4 vereinfacht einige typische Schichtfolgen mit den jeweiligen Dicken der Materialschichten und deren Permittivitäten jeweils von oben nach unten bzw. von außen nach innen dargestellt:

Tabelle 2. Beispiel eines Flachdach-Aufbaus

Schicht-Nr.	Material	Typische Dicke in mm	Permittivität ε_r
1	EPDM-Folie	5	2,5
2	Mineralwoll-Dämmung	120	ca. 3
3	Dampfsperre (Polymer oder Bitumen)	5	2,5
4	Metallkaschierung (Aluminium)	wirkt als Reflektor	∞

Tabelle 3. Beispiel eines Boden-Aufbaus mit schwimmendem Estrich

Schicht-Nr.	Material	Typische Dicke in mm	Permittivität ε_r
1	Teppich (Polymerbasis)	10	2,5
2	Zementestrich	60	5 (bis 6)
3	EPS-Dämmung (expandiertes Polymer)	80	1,4
4	Abdichtung (Polymerbahn)	5	2,5
5	Betondecke	200	6

Tabelle 4. Beispiel einer Fassade mit Wärmedämm-Vebundsystem

Schicht-Nr.	Material	Typische Dicke in mm	Permittivität ε_r
1	Zementputz	10	4
2	Haftvermittler (Polymerbasis, Kleber)	10	3
3	EPS-Dämmung (expandiertes Polymer)	150	1,4
4	Abdichtung (Polymerbahn)	5	2,5
5	Kalksandstein	150	4

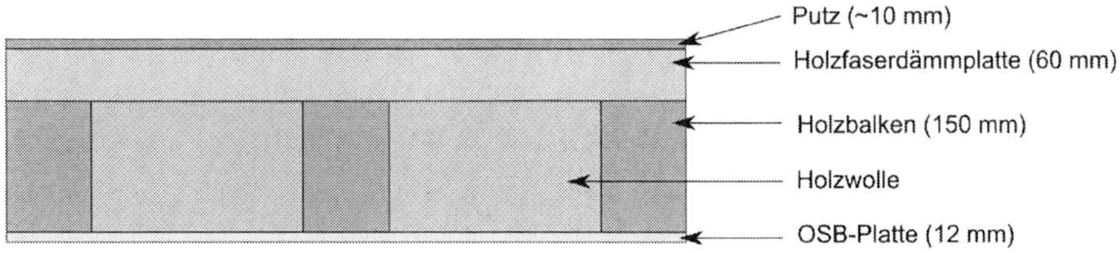

Abb. 5. Holzwandelement mit Wärmedämmverbundsystem

Auf Basis bekannter Materialdicken und Permittivitäten, dargestellt in Tabelle 5, wurde beispielhaft für ein Holzwand-Element (dargestellt in Abb. 5), wie es im Holzrahmenbau bei Fertighäusern verwendet wird, eine solche dielektrische Modellierung durchgeführt.

Tabelle 5. Schichtaufbau eines Holzwandelements

Schicht-Nr.	Material	Typische Dicke in mm	Permittivität ε_r
1	Zementputz	10	4
2	Haftvermittler (Polymerbasis, Kleber)	10	3
3	Holzfaser-Dämmplatte	60	2
4	Holzwolle-Dämmung (locker gestopft)	150	2 bis 2,5
5	OSB-Platte	12	2,5

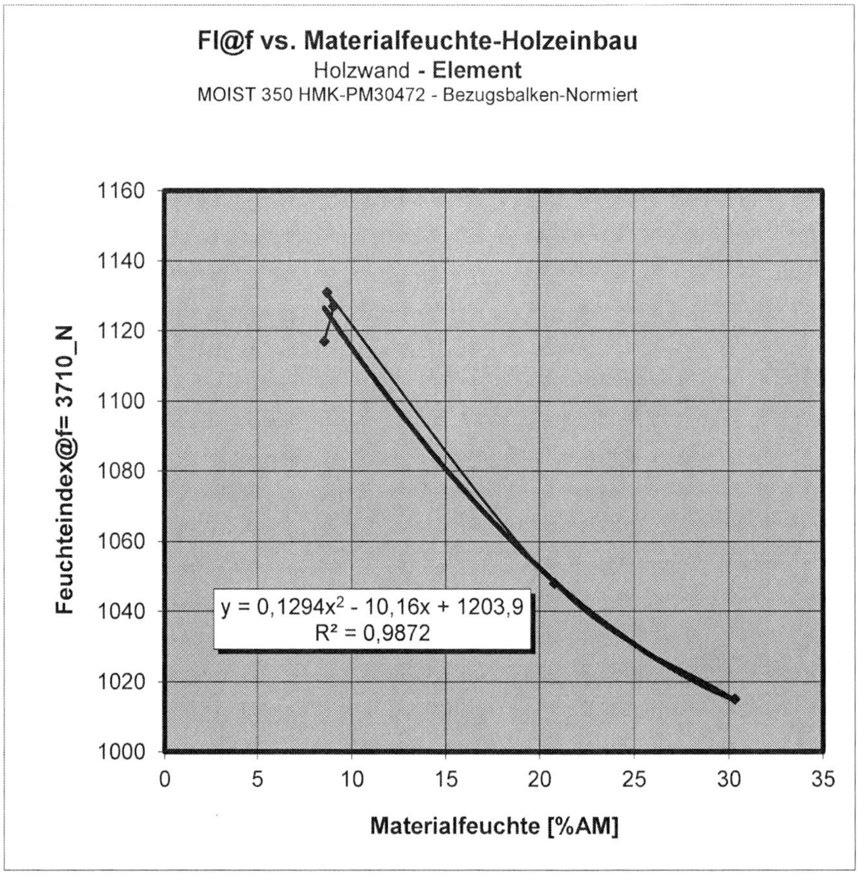

Abb. 6. Kalibrierfunktion für Sonde MOIST PM bei Messung direkt über dem inneren Holzbalken

Dabei war das Ziel die Bestimmung der Feuchte des Holzbalkens durch die oberflächlichen Schichten hindurch, d.h. ohne direkten Kontakt, aber bei bekannter Lage und Tiefe. Im Ergebnis der Modellberechnung konnte ermittelt werden, dass der Zusammenhang zwischen Materialfeuchte und Mikrowellensignal FI eine fallende Kennlinie aufweist.

Zur Bestätigung wurden an dem Holzwandelement Rasterfeuchtemessungen durchgeführt. Hierbei wurde die Putzseite des Testaufbaus mit einem Rastermaß von 5 cm mit verschiedenen Messköpfen mit jeweils unterschiedlichen Eindringtiefen vermessen.

Der mittlere Holzbalken sowie die Holzfaserdämmmatte des Testaufbaus konnten entfernt werden, um diese im Labor durch Wässerung mit paralleler Erfassung der Gewichtszunahme auf unterschiedliche Feuchtegehalte einzustellen. Die oberflächliche Schicht (Putz) war bei der Messung trocken. Der mittlere Holzbalken wurde auf folgende Feuchtegehalte eingestellt:

- ca. 9% atro (Ausgleichsfeuchte)
- ca. 20% atro
- ca. 30% atro
- ca. 40% atro.

Die auf dem Balken gemessenen Werte werden mit steigender Feuchte immer niedriger - es tritt ein „Umkehreffekt" gemäß (5) auf. Wenn man die Lage des Holzbalkens in der Wand kennt und somit weiß, wo die Feuchtemessung durchgeführt werden muss, um genau über dem Balken zu messen, kann aus diesen Messwerten die in Abb. 6 dargestellte Kalibrierfunktion mit fallender Kennline abgeleitet werden.

Somit ist es in diesem mehrschichtigen Aufbau auch möglich, die absolute Feuchte des tiefer liegenden Holzbalkens zu messen, wenn man dessen Lage und Tiefe kennt.

5. Zusammenfassung

Für die zerstörungsfreie Materialfeuchtemessung in Schichtaufbauten können deren einzelne Schichten hinsichtlich ihrer dielektrischer Eigenschaften und Dicken beschrieben werden. Diese Daten können für die Modellierung realer Schichtaufbauten genutzt werden. Damit lässt sich der Einfluss der Materialfeuchte in ausgewählten Schichten rechnerisch abgeschätzen und konnte für ein Beispiel durch Messungen bestätigt werden. Das hier beschriebene Prinzip lässt sich bei bekannten Permittivitäten und Schichtdicken auch auf andere Schichtaufbauten anwenden und hat damit Allgemeingültigkeit.

6. Literatur

[1] Göller, A., Landgraf, J.: Proc. 9. Feuchtetag 1997, Weimar, MFPA Weimar, 17.-18.09.97

[2] Göller, A.: Mikrowellenbasierte Rasterfeuchtemessung. Bautechnik 6/2007, S. 417 ff.

[3] Göller, A.: Schau an – Schicht für Schicht. Bautenschutz + Bausanierung 7/2007, S. 38ff.

[4] Fuchs, G.: Mikrowellentechnische Sensoren für die Prozeßmeßtechnik und -automatisierung unter besonderer Berücksichtigung der Mikrowellen-Feuchtemessung. Diss. B, TU Ilmenau, 1986

[5] Meinke, Gundlach: Taschenbuch der Hochfrequenztechnik, 5. Auflage, Springer Verlag 1992, S. C17 ff.

Digitale Zustanderfassung von Betonkonstruktionen

Beat MARBACHER [1]
[1] Screening Eagle Technologies, Schwerzenbach, Schweiz
Kontakt E-Mail: beat.marbacher@screeningeagle.com

Kurzfassung

Die Zustandserfassung von Bauwerken und Infrastrukturobjekten stellt für Firmen eine grosse Herausforderung dar. Dies liegt daran, dass es sich hierbei um einen komplexen Prozess handelt, der sowohl technisches Fachwissen als auch eine hohe Genauigkeit erfordert. Eine der grössten Herausforderung ist dabei die Erfassung des aktuellen Zustands eines Objektes.

in unserem Vortrag sprechen wir über die neusten Technologien und Methoden der digitalen Zustandserfassung, die Ihnen dabei helfen, Ihre Projekte schneller, effizienter und sicherer zu überwachen.

Screening Eagle Technologies bietet Lösungen um detailierte Daten, Bilder und Videos von Ihrer Infrastruktur zu erstellen und diese anschliessend auszuwerten. Entdecken Sie, wie Sie mit der digitalen Zustandserfassung potenzielle Probleme frühzeitig erkennen und beseitigen können, bevor sie zu grösseren Schäden oder Gefahren für die Öffentlichkeit führen.

Faules Holz – zerstörungsfrei gefunden! Ingenieurtechnische Untersuchungen an Denkmälern und Brücken

Andreas HASENSTAB [1], Holger URBAN [2]
[1] Ingenieurbüro Dr. Hasenstab GmbH, Augsburg
[2] ZETCON Ingenieure GmbH, Bochum

Kontakt E-Mail: zfp@hasenstab.de

Kurzfassung. „Faules Holz“ entsteht bei einer Holzfeuchte von über 20% in Kombination mit ubi quitären (überall vorhandenen) Sporen von holzzerstörenden Pilzen. So wird „trockenes Holz“ durch Fäulnis zu „faulem Holz“.

Beim Abklopfen der Struktur und bei Ultraschallmessungen am Holz zeigt sich der Unterschied zwischen „gesundem, klingendem, Schall leitenden“ Holz und „krankem, dämpfenden, faulem“ Holz. Dass das „gesunde“ Holz „klingt“ kennt jeder noch von den Klangstäben im Musikunterreicht (nach Carl Orff) und dass „faule Holz“ „dumpf“ klingt, ist von verfaultem Holz im Wald bekannt.

Für die Untersuchung der Integrität der Holzstruktur werden derzeit mehrere Verfahren verwendet. Hierbei kann mit dem an der Bundesanstalt für Materialforschung (BAM) in den Jahren 2002-2005 entwickelten Ultraschallechoverfahren die innere Struktur des Holzes untersucht werden und es können nicht sichtbare innere Schäden wie Innenfäulnis oder Risse erkannt bzw. ausgeschlossen werden. Für Ultraschallechomessungen ist ein koppelmittelfreier direkter Kontakt zur Bauteiloberfläche erforderlich – „faules Holz“ dämpft die Ultraschallsignale und verrät sich durch Signalauslöschung bei sonst gleichen Randbedingungen.

Mit dem Bohrwiderstandverfahren kann punktuell mit einer 3mm dünnen Bohrnadel die Holzstruktur untersucht werden, wobei hier bei einem gleichbleibenden Vorschub der Bohrnadel der Bohrwiderstand und der Bohrdruck aufgezeichnet wird. „Faules Holz“ wird durch einen geringeren Bohrwiderstand erkannt.

Ergänzend sollte immer die Holzfeuchte bestimmt werden – mittels Rammelektrode (Widerstandsmessung) oder kapazitiv.

So ist es möglich mit der flächigen Ultraschallmessung, der punktuellen Bohrwiderstandsmessung und der ergänzenden Holzfeuchtemessung Bestandsholz „gesund“ zu prüfen und innere Schäden wie „faules Holz“ auszuschließen bzw. einzugrenzen.

Im Beitrag werden Untersuchungen an Bestandsbauwerken wie einer ehemaligen Kavalleriekaserne, einem Fachwerkhaus und einem Tempel in Indien vorgestellt.

Altes „gesundes“ Holz kann im trockenen Zustand für die Konstruktion für statische Nachweise komplett angesetzt werden – was bedeutet, dass mit einer genauen Untersuchung viel Bausubstanz erhalten werden und so hohe Kosten für Sanierung eingespart werden können– und der Bauablauf zudem beschleunigt wird.

Ziele der zerstörungsfreien Prüfung (zfP) als Bauwerksuntersuchungen

Seit einigen Jahren werden unterschiedliche zerstörungsfreie Prüfverfahren zur Untersuchung von Bauwerken eingesetzt. Im vorliegenden Beitrag wird die Untersuchung von Holzbauwerken vorgestellt. Untersuchungen an Beton oder Mauerwerk können [1], [2] entnommen werden.
Das Ziel einer Anwendung der ZfPBau-Verfahren ist:

- zerstörungsfreie Bauwerksuntersuchung
- frühes Erkennen und Eingrenzung von Schäden
- Kostenabschätzung bei Instandsetzung
- zerstörungsfreie Dokumentation und Integritätsprüfung des Bauteilzustandes
- sichere Weiternutzung des Bauwerks

Verfahrensbeschreibung

Folgend werden Verfahren beschrieben, die zur Untersuchung von Holz angewendet werden. Ein Teil der Verfahren werden in den Praxisbeispielen vorgestellt.

Abklopfen

Die gebräuchlichste Methode zum Untersuchen ist das Abklopfen – doch ist hier zu beachten, dass innere Schäden – vor allem bei Bongossiträgern nicht immer gefunden werden können.

Feuchtemessung

Das gebräuchlichste Verfahren ist die Feuchtemessung. Bei Holz werden sehr genaue Ergebnisse mit einer kalibrierten Widerstandsmessung erzielt. Kapazitive Messgeräte (Kugelsonde etc.) können bei einer feuchten Oberfläche keine innere Feuchte Messen.

Feuchten über 20% stellen bei Holz eine sehr hohe Gefahr für Fäulnis dar und die Feuchteursache muss bekämpft werden.

Ultraschallechomethode

Das Ultraschallechoverfahren beruht auf der Reflexion von Schallwellen an Werkstoffinhomogenitäten wie der Bauteilrückwand oder an anderen Grenzflächen.
Aufgrund vieler Untersuchungen kann z. B. bei Holz und Beton davon ausgegangen werden, dass beim Vorliegen eines Rückwandechos die untersuchte Struktur frei von Innenfäule, ausgeprägtem Insektenbefall oder ausgeprägten Rissen bzw. Kiesnestern ist. So können Schäden eingegrenzt werden und ungeschädigte Bereiche definiert werden, was eine gezielte Sanierung oder optimale Bauwerksnutzung ermöglicht.

Bohrwiderstandsmethode

Das Verfahren dient zur punktuellen Untersuchung von Holz. So können Bauteilabmessungen (gleichmäßige Dicke, gesunder Restquerschnitt, Aussparungen, Zapfenverbindungen) sowie inneren Schäden (Hohlstellen, breiten Rissen parallel zur Oberfläche, Fäulnis, ausgeprägtem Insektenbefall) detektiert werden.

Bei Brücken- und Kirchenprüfungen erfolgt in der Praxis sehr häufig eine Kombination aus flächiger Ultraschallecho- und punktueller Bohrwiderstandsmethode. Die Untersuchung mit einer 3mm breiten Bohrnadel hinterlässt kaum wahrnehmbare Löcher.

Radar (Impulsradar, Georadar)

Das Radarverfahren ist ein elektromagnetisches Verfahren. Besonders gut können Metallbauteile im Inneren der Holzkonstruktion oder Hölzer im Inneren von Mauerwerk lokalisiert werden und die Anzahl der zerstörenden Sondagen stark reduziert werden.

Endoskopie

Um nicht direkt zugängliche Bereiche visuell untersuchen zu können wurden noch Endoskopische Untersuchungen vorgenommen. So konnten geschädigte Bereiche untersucht werden.

Radiographie

Die Radiografie stellte in der Materialuntersuchung eine der bedeutendsten Untersuchungsmethoden dar, wird aber aufgrund der komplexen Strahlenschutzbestimmungen nur selten angewendet. In speziellen Einsatzfällen wo eine Durchstrahlung des Bauteils möglich ist, werden mit dem bildgebenden Verfahren sehr gute Ergebnisse erzielt.

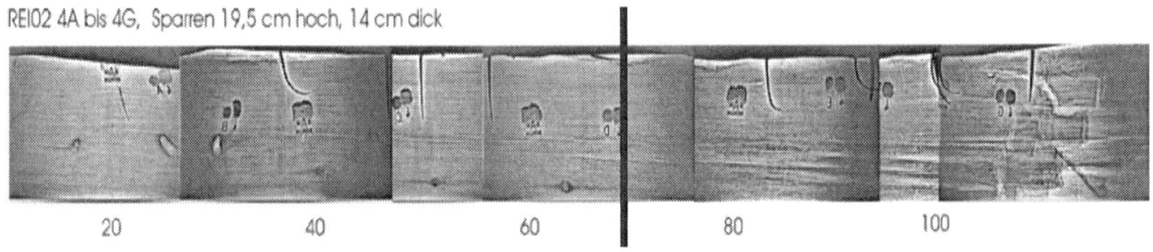

Abbildung 1: Röntgenaufnahme (Dissertation 2005) mit Hochpassfilterung Blitzröhre 150 kV; historische Nägel, Risse als helle Linien, Äste (dunkle Punkte), Würfelbruch (Fäulnis);

Neuerdings praktische Röntgenuntersuchung auf der Baustelle durch *BauRay* aus Hamburg.

Praktische Anwendung der Verfahren am Bauwerk

Denkmalgeschütztes Rathaus in Schwaben

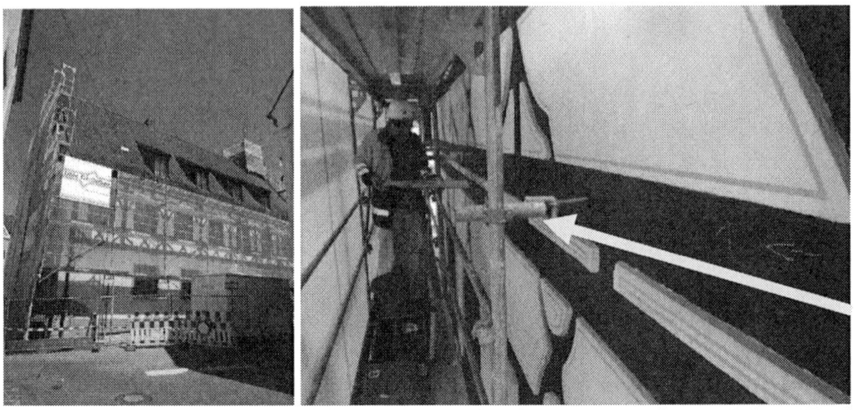

Abbildung 2:links: Ansicht des Rathauses mit viel Fachwerk; rechts: Bohrwiderstandsmessung an Holzbalken (Lage der Ultraschallechomessung mit gelbem Pfeil markiert)

Aufgabenstellung:
Es bestand ein Verdacht, dass an dem alten Bauwerk aufgrund der vielen Risse im Holz Schäden vorhanden sein könnten. Mit den Untersuchungen sollen innere Schäden im Holz ausgeschlossen werden.
Lösungsansatz:
Messtechnisch „gesundprüfen", d.h. flächig messen und sowohl „gesunde" Bereiche darstellen wie auch geschädigte Bereiche eingrenzen.
Mit Hilfe des Ultraschallechoverfahrens entlang von Messlinien an den Hölzern messen, um innere Schäden auszuschließen.
An Verdachtstellen mittels Bohrwiderstand punktuelle Messungen vornehmen und innere Struktur genau untersuchen bzw. Restquerschnitte bestimmen.
Zusätzlich wurden Feuchtigkeitsmessungen an den Balken durchgeführt, da die Holzfeuchte auch einen Indikator für eventuelle Schäden darstellt.
Ergebnisse
Folgend werden Messungen mit Ergebnissen gezeigt – und dann diese Ergebnisse in eine flächigen Ergebnisdarstellung überführt.

Folgend ist das Ergebnis einer Ultraschallechomessung dargestellt. Da die Fachwerkknoten Unstetigkeitsstellen im Holz darstellen sind diese mit einer Leerspur markiert, um die spätere Auswertung zu vereinfachen und ein Verwechseln von Schäden mit Fachwerkknoten zu vermeiden.
Die Besten Messergebnisse waren an den oberen horizontalen Balken zu erzielen. Etwas, durch die Fachwerkknoten eingeschränkte Ergebnisse ergaben Messungen an den Stielen. Da sehr viele Knoten an den unteren Balken einbinden waren hier keine Messungen mit deutlichen Ergebnissen möglich.

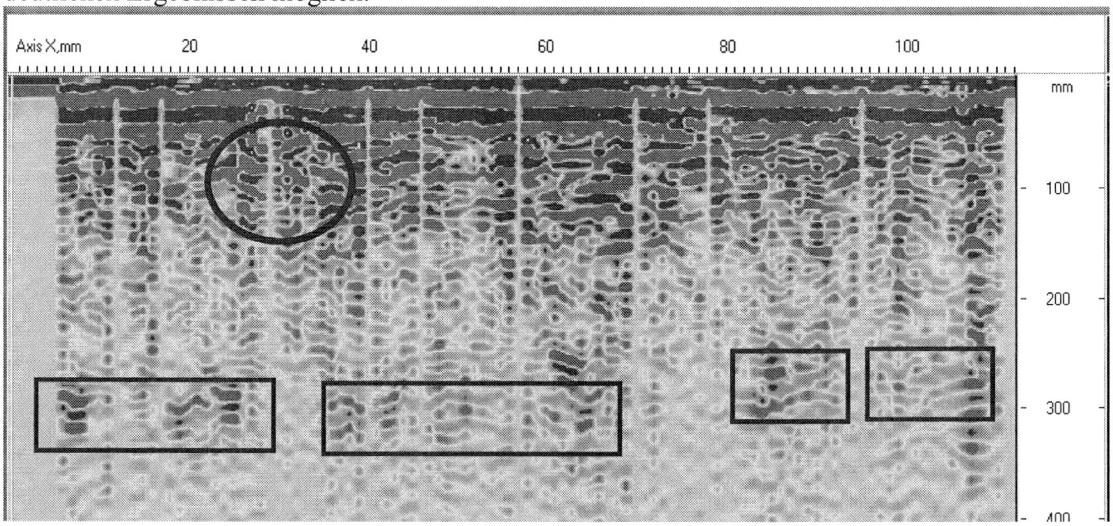

Abbildung 3: Ergebnis einer Ultraschallechomessung; Messspur 2;

In der dargestellten Messlinie sind Echos an der Bauteilrückseite zu erkennen. Diese Echos bedeuten, dass die Ultraschallsignale von der Oberfläche bis zur Bauteilrückseite und zurück zur Messoberfläche gelangen können und so Schäden wie Fäulnis, oder ausgeprägter Insektenbefall im untersuchen Holzquerschnitt ausgeschlossen werden kann. So kann relativ schnell eine großflächige Aussage über das untersuchte Holz gewonnen werden.

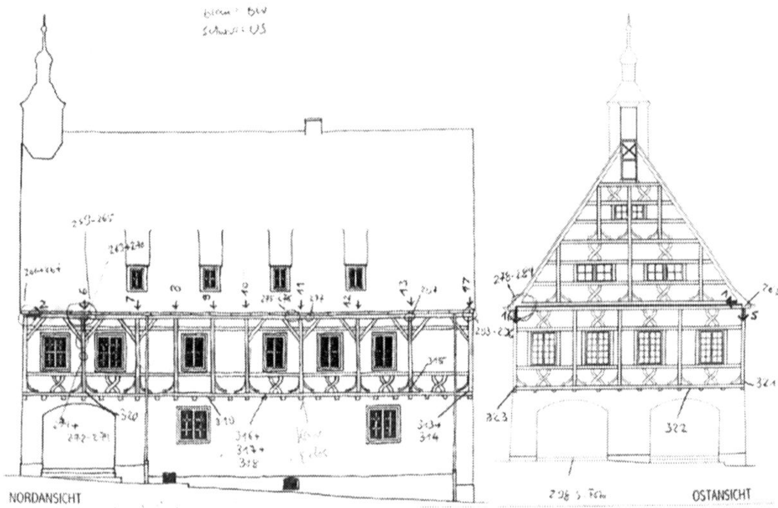

Abbildung 4: Nordansicht; Ergebnisse der Ultraschallechomessungen

Bei den Bohrwiderstandsmessungen ist es für die weiteren statischen Berechnungen erforderlich sowohl den Restquerschnitt am geschädigten Messpunkt wie auch die Ausdehnung des Schadens darzustellen. Folgend Messungen an dem mittels Ultraschallechomessungen als „auffälliger Bereich" markiertem Bereich:

Abbildung 5: Lage der Bohrwiderstandsmessungen

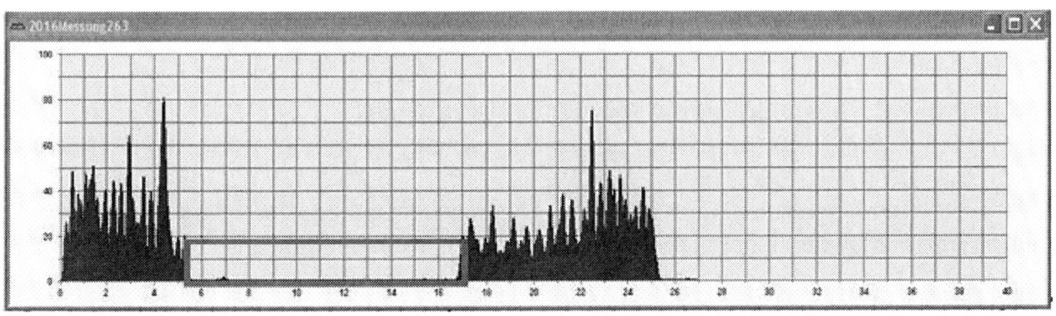

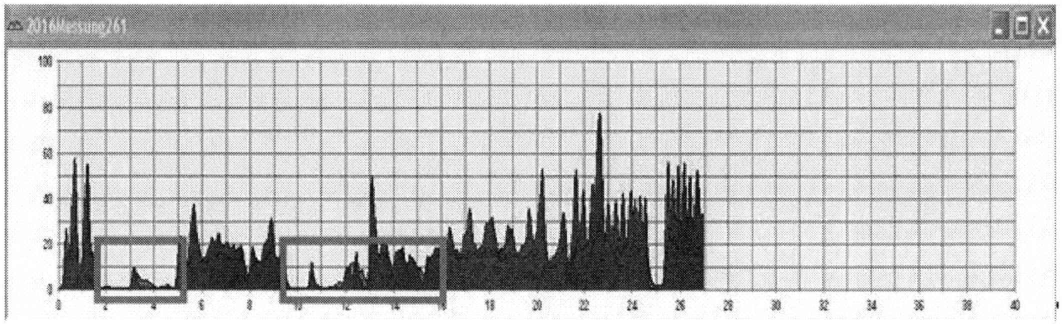

Abbildung 6: Ergebnis einer Bohrwiderstandsmessung mit ausgeprägtem inneren Hohlraum, welcher auf eine Schaden hindeutet; Bezeichnung siehe Kopfzeile

Die Bohrwiderstandmessungen ergaben, dass an einigen Stellen ausgeprägte Schäden vorhanden sind. Weiter ist zu erkennen, dass trotz direkter Bewitterung die Struktur der Balken in einem guten Zustand ist. Weiter wurden auch Altschäden detektiert, woran zu erkennen ist, dass bereits vor vielen Jahren Schäden auftraten, welche dann behoben wurden.

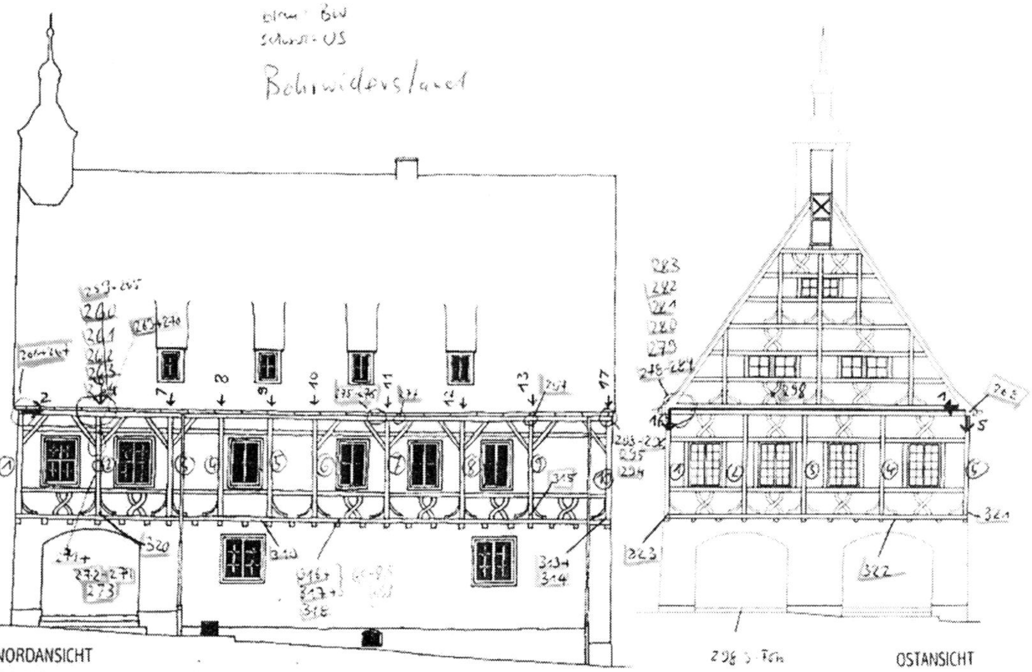

Abbildung 7: Nordansicht; Ergebnisse der Bohrwiderstandmessungen

Feuchtemessungen

Mit Feuchtemessungen konnte gezeigt werden, dass bis auf wenige Bereiche – die auf Schäden in der Dachhaut zurückzuführen waren – keine zu hohe Feuchten gemessen wurden.

Endoskopieuntersuchung

Mit den Endoskopieuntersucungen konnte gezeigt werden, dass sich in den Hohlräumen ehemalige Wespennester, aber keine Fruchtkörper von Pilzen befinden.

Zusammenfassung und Nutzen für den Bauwerkseigner

Aufgrund des dicken Anstrichs und der Verfüllung vieler Fugen und Risse konnte die Struktur schlecht visuell beurteilt werden.

Die sehr umfangreichen und flächigen Untersuchungen ergaben, dass eine eindeutige Dokumen-tation der hauptsächlich ungeschädigten Struktur möglich ist.

Weiter zeigte sich, dass es sich bei den Schäden meist um lokale Altschäden handelte, welche als „Teil des Denkmals“ belassen wurden, da offensichtlich keine Verformungen oder Bauteilversagen zu befürchten waren.

Brückenuntersuchungen an drei Bongossibrücken

Folgend Untersuchungen an drei Bongossibrücken, die „auf den ersten Blick“ einen „guten Eindruck“ machen.
Bei den Untersuchungen wurde die Brückenprüfung von ZETCON Ingenieure GmbH durchgeführt, wobei es ein großer Vorteil war, dass der Ingenieur von Hause aus gelernter Zimmerergeselle ist und so ergänzend zur ingenieurtechnischen Sicht auf das Bauwerk die wichtigen für Holz typischen baustoff- und herstellungsspezifischen Zusammenhänge und Schwachstellen aus Sicht des Handwerkers mit in die Beurteilung eingeflossen sind.
Die flächigen Ultraschallmessungen wurden vom Ingenieurbüro Dr. Hasenstab durchgeführt.
Aufgrund der Vielzahl der erforderlichen Bohrungen wurden die Bohrwiderstandsmessungen von beiden Büros vorgenommen.

Abbildung 8: Brücke über einen Fluss

Abbildung 9: noch zwei Brücken

Der "gute Eindruck" musste während der Untersuchungen durch Feststellung einer Sammlung erheblicher Schäden, die unabhängig voneinander zeitnah zu einem Bauwerksversagen hätten führen können, revidiert werden.
Für die Bauwerksprüfung erschwerend kam hinzu, dass ausgeprägte und sicher bekannte Schäden dem Messteam nicht mitgeteilt wurden und vor Ort Schäden z.B. mit Blechen verdeckt waren.
Bei den erkannten Schäden ging es im ersten Schritt wieder um ein „gesundprüfen" der Konstruktion, d.h. ungeschädigte Bereiche im Bereich der Schäden zu markieren und dokumentieren, um die weitere Nutzung des Bauwerks zu ermöglichen.

Feuchtemessungen

Es wurden an vielen Stellen der erdberührten Stützen, d.h. die Hölzer steckten direkt im bindigen Boden, und an Trägern ohne konstruktiven Holzschutz mit Stahldurchdringungen Feuchtemessungen in die Tiefe vorgenommen.
Bei den meisten Messungen kam es zu einer Feuchtezunahme im Inneren des Bauteils, was eine mögliche Kernfäulnis bedeutet – die wiederum mittels punktueller Bohrung mittels Bohrwiderstand oft nachgewiesen wurde.

Messpunkt	0cm	2cm	5cm	8cm
F7	19,4	21,7	21,7	20,1

Abbildung 10: Ergebnis der Feuchtemessung über die Tiefe, ab 20% Feuchte „rot" markiert

Ultraschallechomessungen

Es wurden flächige **Ultraschallechomessungen** entlang Messlinien vorgenommen, um so schnell große Bereich zu untersuchen zu können.

Abbildung 11: Ultraschallechomessung am Bauwerk am Bongossiträger

Allgemein wurden bei den Ultraschallechomessungen sehr wenige Bereiche mit deutlichem Rückwandecho erfasst. Dies verwunderte zu Beginn – und es wurden sehr viele Bohrwiderstandsmessungen vorgenommen.
Die Bohrungen ergaben sehr ausgeprägte Schäden. Dies bedeutet, dass der Ansatz – flächig auffällige Bereiche lokalisieren – und dann punktuell Bohren – gut funktioniert hat.

Bohrwiderstandsmessungen

Der Ansatz – Schäden einzugrenzen und dann eine Sanierungsempfehlung zu erarbeiten – d.h. das Bauwerk weiter zu nutzen – erfordert eine vielzahl von Bohrwiderstandsmessungen, da der „gesunde" Bereich sicher definiert wurde.

Dieser Ansatz wurde bei den drei Brücken auch verfolgt – es wurde eine Vielzahl von Bohrungen vorgenmmen. (109 Bohrungen an S-Brücke +154 Bohrungen Haskenau Brücke +147 Bohrungen Pylon-Brücke= 410 Bohrungen an den drei Brücken)
Die Anzahl der Bohrungen am geschädigten Träger kann nur vor Ort entschieden werden, eine Ausschreibung mit einer begrenzten Anzahl bzw. fest vorgegebenen Anzahl an Messstellen ist bei Schäden mit dem Ziel, den Schaden einzugrenzen, schwierig anwendbar. Im Laufe der Prüfung muss durch den prüfenden Ingenieur entschieden werden, an welchen Stellen wie viele Bohrungen und Ultraschallmessungen durchgeführt werden müssen. Oft ergeben sich im Laufe der Prüfung weitere relevante Punkte, welche mit geprüft werden sollten.

Abbildung 12: Bohrwiderstandsmessung an Trägern an Stützen

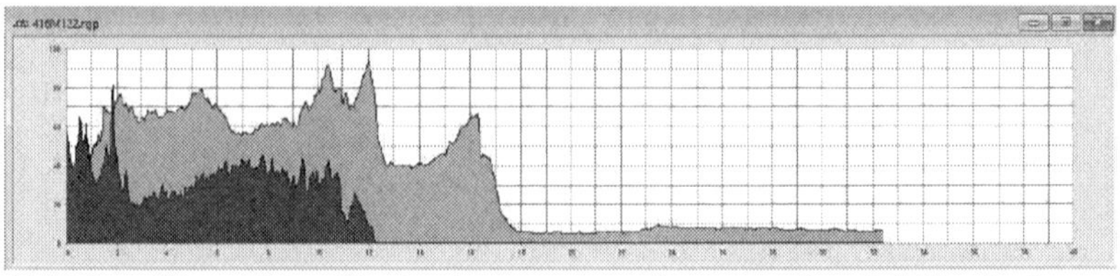

Abbildung 13: Bohrwiderstandsmessung – sehr ausgeprägte Schäden im Inneren der Konstruktion

Es wurden sehr viele Bohrwiderstandsmessungen vorgenommen – und auch sehr ausgeprägte Schäden detektiert.

Abbildung 14: Bohrwiderstandsmessung – sehr ausgeprägte Schäden im Bereich der Stabdübel (die mit Radar zerstörungsfrei lokalisiert werden können)

Besonderheiten Bongossihölzer

Abbildung 15: Problem bei Bongossi: selbst mit Abklopfen ist eine ausgeprägte innere Schädigung in der Tiefe von mehreren Zentimetern oft nicht möglich – nur mit Ultraschallechomessung und Bohrwiderstand können tiefliegende innere Schäden gefunden werden

Abbildung 16: Schaden an Träger, Belag teils erheblich geschädigt, neu ersetzte Bohlen auf offensichtlich stark geschädigten Träger befestigt

Abbildung 17: links: Schaden an Träger, Belag teils erheblich geschädigt, neu ersetzte Bohlen auf offensichtlich stark geschädigten Träger befestigt
rechts: Haupt- und Nebenträger mit Hammer entfernbar, Bohle bei der Untersuchung unter Fussgängerlast gebrochen; Schaden am Träger nicht leicht mit Klopfen sondern nur mit Ultraschall und Bohrwiderstand lokalisierbar; sowie intakte "Außenschale" des oberen Längsträgerbalkens senkrecht stehend im Bild links zu sehen

Abbildung 18: Schaden am Längsträger insbesondere um die senkrecht im Träger befindlichen Stabdübel

Abbildung 19: links: Hauptträger unter Blechabdeckung teils komplett aufgelöst; rechts: Auflager im bindigen Boden

Fazit: Durch die genaue Untersuchung der Ingenieure von ZETCON konnten „statisch besonders relevante" Bereiche definiert werden, deren Schadensfreiheit anschließend mittels zerstörungsfreien Prüfungen nachgewiesen werden sollte. Auf diese weise wurden hingegen erhebliche Bereiche mit „Verdacht auf Schaden" definiert, und genauer untersucht. Es wurden sehr ausgeprägte Schäden gefunden. Alle drei Brücken mussten aufgrund der vielen Schadstellen gesperrt werden.

Im Laufe der sehr ausgiebigen Untersuchungen war es möglich, im Unternehmen ZETCON ein Messteam mit eigenem Bohrwiderstandsmessgerät und viel Erfahrung an Brücken zu etablieren.

Üblicherweise kann durch eine sehr genaue Eingrenzung der Schäden das Bauwerk recourcenschonend saniert und erhalten werden – Schäden dieses Ausmaßes bei mehreren Bauwerken des gleichen Bauamtes sind sehr ungewöhnlich.

Zusammenfassung:

Mittels zerstörungsfreier Untersuchungen kann ein Schaden einer Holzkonstruktion eingegrenzt werden bzw. der ungeschädigte Bereich eindeutig und für statische Nachrechnungen belastbar, definiert werden.
Für diese Durchführung der Untersuchungen ist ein enormes Wissen über die angewendeten zerstörungsfreien Prüfverfahren und die Möglichkeiten der Kombination derselben erforderlich. Weiter ist ein ausgeprägtes Wissen über den untersuchten Werkstoff Holz erforderlich, was bedeutet, dass Messerfahrung an Stahl oder Beton nicht direkt auf Holz übertragen werden kann.
Ein simples Übertragen der Messerfahrung vom isotropen Werkstoff Beton auf den anisotropen Werkstoff Holz mit seinen Jahrringen und Fasern ist nicht möglich.
Aufbauend auf die zerstörungsfreien Untersuchungen muss im Falle eines Schadens bei Insektenbefall oder bei Fäulnis unbedingt ein Kollege zur genauen Bestimmung des Befalls hinzugezogen werden. Nur so kann der Schaden wirkungsvoll angegangen und beseitigt werden. Bei der Vielzahl von Pilzen kann es sein, dass an Stelle eines laienhaft angenommenen Hausschwammes (was mit einem erheblichen, finanziellen und bausubstanzzerstörenden Aufwand einher geht) „nur" eine Moderfäule vorliegt, welche mit dem Ansatz „Wasser Weg" ohne Chemie behandelt werden kann. Weiter ist es mit viel Erfahrung möglich, bei einem historischen Bauwerk einen Altschaden von einem neuen Schaden zu unterscheiden.
Auch ist bei einem offensichtlichen Insektenbefall einiges Wissen erforderlich, um aktiven Befall von „Sägemehl" der Dachdecker des letzten Dachumbaus zu unterscheiden.
Neben diesem erforderlichen Zusammenspiel zwischen untersuchendem Ingenieur und Holzschutzspezialisten muss auch die Statik in die Lösungsansätze mit einbezogen werden. So ist es oft für den statischen Nachweis ausreichend, die genau definierten „Restquerschnitte" durch Untersuchungen zu erreichen. Dies bedeutet, dass trotz Schäden auf eine aufwändige Sanierung verzichtet werden kann, da das Bauwerk ja „hält". Dieser Ansatz setzt aber eine gute Zusammenarbeit aller Beteiligter voraus und eine genaue Bestimmung des Pilzes und eine Kenntnis und Behebung der Schadensursache sind unabdingbar. So ist es möglich, wie in den Beispielen dargestellt, vorhandene „gesunde" Restquerschnitte zu nutzen und so Umbaukosten zu sparen und historische Bausubstanz zu erhalten.
Weiter ist wichtig zu beachten, dass mit den vorgestellten Verfahren sofort auf der Baustelle eine in situ Aussage getroffen werden kann, und an Hand der erlangten Informationen Entscheidungen getroffen werden können.
Die Anwendung der hier vorgestellten Verfahren setzt eine große Übung voraus – der Ansatz nur ein Gerät zu mieten und dann schnell zu messen geht sehr oft schief – was aber an der Bedingung des Messgerätes liegt und nicht an der Messtechnik.

Literatur:
Tiefergehende Verfahrensbeschreibungen und Anwendungsmöglichkeiten: www.zfp-hasenstab.de -> Verfahren

[1] Hasenstab, A., Baron, T.: **Kombinierte Anwendung von Ultraschallecho und Bohrwiderstand bei der Prüfung von Holzkonstruktionen.** Der Bausachverständige, Jahrgang 7, Heft 1 (Februar) 2011, S. 20-26

[2] Hasenstab, A. et al.: **Zerstörungsfreie Prüfung in der Baudenkmalpflege. Teil 1: Theoretische Grundlagen.** Restauro 1/2011, S. 33-39

[3] Hasenstab, A., Jost, G., Taffe, A., Wiggenhauser, H.: **Zerstörungsfreie Prüfung im Bauwesen – angewandte Forschung und Praxis.** Tagungsband der DGzfP-Jahrestagung 2008, St. Gallen, 28.04.-30.04.2008

[5] Walter, A. und A. Hasenstab: Zerstörungsfreie Prüfverfahren zur Bestimmung von Materialparametern im Stahl- und Spannbetonbau in: Fouad N. (Hrsg.); Bauphysik-Kalender 2012, Berlin: Ernst und Sohn (2012)

[6] Hasenstab, A.: Ultraschall-Echo, ein ZfP-Verfahren zum Lokalisieren von Fehlstellen in Brettschichtholz (BSH) und Vollholz – Praxisbeispiele. Bauwerksdiagnose Berlin, 21.-22.02.2008, Berlin

[7] Hasenstab, A., Osterloh, K., Robbel, J., Krause, M., Ewert, U., Hillemeier, B.: Mobile Röntgenblitzröhre zum Auffinden von Holzschäden. DGzfP-Jahrestagung 17.-19.05.2004 in Salzburg, DGzfP-Berichtsband auf CD: Plakat 15

[8] Straußberger, D., Hartmann, I., Hasenstab, A.: Straßenuntersuchungen mit Radar, Ultraschallecho und FWD. Bauwerksdiagnose Berlin, 21.-22.02.2008, Poster 13, Berlin

[9] Hasenstab, A., Jost, G., Taffe, A., Wiggenhauser, H.: Zerstörungsfreie Prüfung im Bauwesen – angewandte Forschung und Praxis. Jahrestagung DGzfP DACH, St. Gallen 2008

[10] Hasenstab, A., Homburg, S., Maierhofer, C., Arndt, R.: Holzkonstruktionen mit Radar und Thermografie zerstörungsfrei untersuchen Tagungsband der DGZfP-Jahrestagung 2007, Poster 14, 14.-16.05.2007 Fürth

Durchstrahlungsprüfung an Stahl- und Spannbeton – was so möglich ist

Sebastian SCHULZE [1]
[1] bauray GmbH, Hamburg
Kontakt: schulze@bauray.de

Kurzfassung. In der ZfPBau wird Röntgen in Deutschland bislang nicht systematisch angewendet, obwohl sich dank Weiterentwicklungen insbesondere im Bereich der digitalen, mobilen Radiographie viele praktische Einsatzmöglichkeiten anbieten. Qualitätssicherung im Neubau, Schadensbewertung im Bestand oder die noninvasive Untersuchung von Spannbeton und Denkmalschutzbauten – die Palette ist breit gefächert. Der Vortrag soll anhand von aktuellsten Praxisbeispielen das Potential des Verfahrens in der Praxis der ZfPBau demonstrieren.

Einführung

Für die Planung von Instandsetzungs-, Modernisierungs- und Sanierungsmaßnahmen, aber auch für die fortlaufende Instandhaltung von Bauwerken ist eine umfassende Kenntnis des Ist-Zustandes der Konstruktion unerlässlich.

In der Praxis kommen dabei insbesondere im Rahmen der Instandsetzungsplanung häufig nur die etablierten Methoden zur Ausführung – Chlorid- und Karbonatisierungsprüfung, Potentialfeldmessung, Betondeckungsmessung. Das Potential weiterführender zerstörungsfreier diagnostischer Methoden zur Untersuchung des tatsächlichen Erhaltungszustandes ist immer noch weitgehend unbekannt.

Gemeint sind die volumenabbildenden Methoden Radar und Ultraschall – und auch die Radiographie im Bauwesen, der Einsatz mobiler Röntgentechnik. Dabei handelt es sich um eine Methode, die bereits vor Jahrzehnten bei besonderen Fragestellungen vereinzelt Anwendung fand, sich aber aufgrund des erheblichen Aufwands in der Praxis nie durchsetzen konnte.

Mittlerweile ist die Messtechnik deutlich fortgeschritten. Mussten früher Röntgenfilme auf Bauteiloberflächen geklebt und dann vor Ort nasschemisch in einem mobilen Entwicklungslabor belichtet und fixiert werden, kann heute dank digitaler Detektortechnik die Radiographie deutlich wirtschaftlicher eingesetzt werden.

Bildgebende Bauwerksdiagnostik per Radiographie

Das Prinzip der Radiographie ist einfach und ähnelt dem der klassischen Schwarz-Weiß-Fotografie, bei der auf einem Film durch unterschiedlich belichtete Bereiche ein für das menschliche Auge interpretierbares Kontrastbild entsteht. Beim medizinischen Röntgen entsteht dieser Kontrast durch die unterschiedliche Absorption der auf den Körper einfallenden Strahlung, die insbesondere von der Dichte der „Einbauteile" des menschlichen Körpers abhängt. So absorbieren z.B. Knochen mehr Strahlung als das umliegende Gewebe geringerer Dichte und es entsteht ein Kontrastbild mit stärker und schwächer belichteten Bereichen, auf denen die Bestandteile des durchleuchteten Körperteils sichtbar werden. Das Prinzip ist dasselbe wie bei der Lichtbildfotografie, lediglich die genutzte Energie ist beim Röntgen deutlich höher, die Strahlung „härter".

Der wesentliche Vorteil bei Einsatz der Röntgentechnik im Bauwesen ist die direkte Bildgebung, die dem fachkundigen Baubeteiligten einen direkten, ohne Auslegungsschwierigkeiten interpretierbaren Blick ins Bauwerksinnere ermöglicht. Während beim Ultraschall- oder Radarverfahren die Interpretation durch den erfahrenen Bauwerksprüfer erforderlich ist, sind Röntgenbilder infolge der direkten Bildgebung deutlich einfacher bewertbar, ähnlich z.B. wie beim Menschen, bei dem auch der Patient selbst den Knochen(-bruch) auf dem Röntgenbild klar zu erkennen vermag.

Der Nachteil der Röntgentechnik im Bauwesen im Vergleich mit anderen Untersuchungsmethoden liegt in dem Erfordernis der beidseitigen Zugänglichkeit und dem daraus resultierenden erhöhten Aufwand, handelt es sich doch um eine *Durch*strahlungsprüfung (Abb. 1).

Abb. 1: Typisches Setup einer Durchstrahlungsprüfung, hier an einer Elementwand (vgl. Abschnitt 2.3). Links der Detektor nahe der Bauteiloberfläche, rechts die Röntgenröhre mit Abstand zum durchstrahlten Bauteil

Demgegenüber steht der zweite große Vorteil des Verfahrens, ein echtes Alleinstellungmerkmal: Was auf einem Röntgenbild zu sehen ist, lässt sich zuverlässig ohne Bauteilöffnung vermessen, und was nicht zu sehen ist, ist auch nicht im Bauteil vorhanden.

Wird die Anordnung von Detektor, Strahler und Bauteil dokumentiert, so kann über die bekannte Geometrie des Untersuchungsaufbaus die Vergrößerung und Verzerrung der auf dem Detektor abgebildeten Objekte herausgerechnet und die wahre Größe der Einbauteile (Bewehrung, Spannglieder, Verankerungen, usw.) errechnet werden (Abb. 2). Voraussetzung ist die Kenntnis der Tiefenlage des Einbauteils, die mit ergänzenden Methoden (z.B. ferromagnetische Verfahren, Radar, Ultraschall) problemlos ausreichend genau bestimmt werden kann.

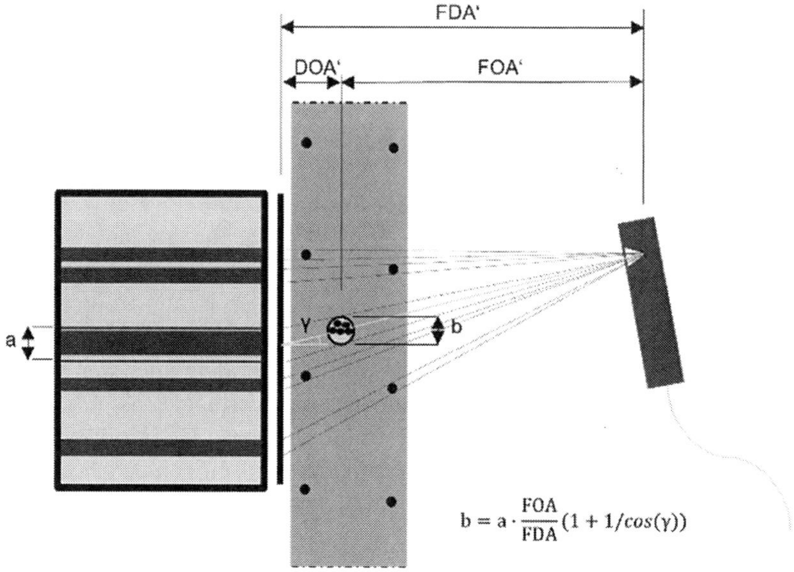

Abb. 2: Rückrechnung der wahren Größe der auf dem Detektor/Röntgenbild abgebildeten Einbauteile (hier Stab- und Spannbewehrung) über Vergrößerung (Strahlensatz) und Verzerrung/Einfallswinkel (Schattenwurf).

Somit ist eine eindeutige Nachweisführung ohne Bauteilöffnung möglich – auch das eine Parallele zur medizinischen Diagnostik, bei der aus nachvollziehbaren Gründen eine non-invasive Methode einer „Öffnung" nach Möglichkeit stets vorgezogen wird. Die im Folgenden gezeigten Beispiel aus der Praxis belegen dies eindrucksvoll.

2.1 Praxisbeispiel Bewehrungsnachweis

An der Stahlbetonwand einer Parkhauszufahrt (d = 20 cm) waren planmäßig Zulagen (10 Ø 25 mm) zur Ableitung von Druckkräften aus einem aufliegenden Balken einzubauen (Abb. 3). Bauherrenseitig wurde die zuverlässige Durchführung von Bewehrung durch die Auflagertasche eines einbindenden, nachträglich betonierten Balkens (Markierung b in Abb. 3) bezweifelt und der Nachweis des Einbaus der Zulagen gefordert.

Abbildung 4 zeigt exemplarisch je eine der Radar- und Ultraschallmessspuren, die im Bereich des Balkenkopfs angelegt wurden. Es handelt sich dabei jeweils um die Rekonstruktion horizontaler Querschnitte durch die Wand, detektiert wird folglich die vertikale Bewehrung. Anhand der Messdaten werden die Möglichkeiten und Grenzen der beiden Verfahren im direkten Vergleich gut ersichtlich Die Radarmessspur bildet gut die oberflächennahe Vertikalbewehrung im Abstand von 15 cm ab, bei der es sich aufgrund des gleichmäßigen Rasters offenbar um Mattenbewehrung handelt. Auch die rückseitige Bewehrung ist teilweise erkennbar, wenn auch stark abgerschattet durch die vorderseitige Bewehrung. Die Ultraschallmessspur wiederum zeigt ein starkes Echo der Wandrückseite, aber nur schwach die der beidseitig oberflächennahen Bewehrungslagen.

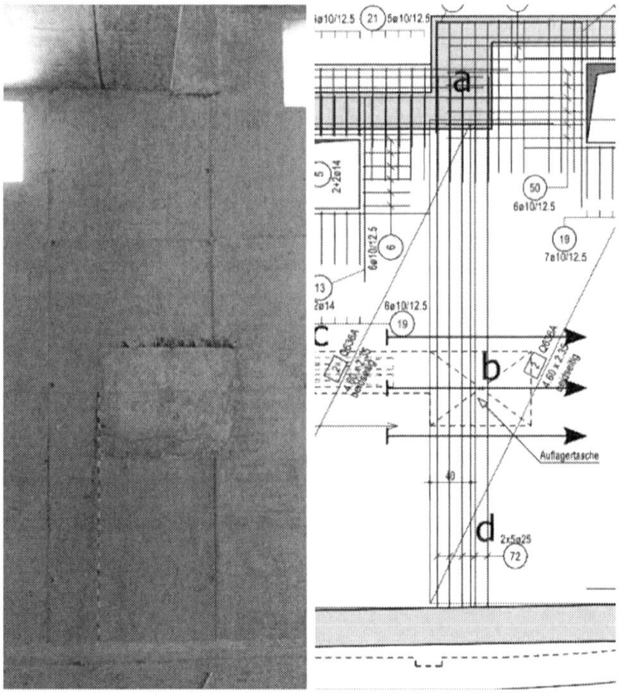

Abb. 3: Fotografie und Planzeichnung des Neubaus einer Stahlbetonwand mit aufliegendem (a) und einbindendem (b) Balken, Grundbewehrung Q636A (c) und Druckzulagebewehrung (d) sowie Kennzeichnung der Radar- und Ultraschallmessspuren zur Bewehrungsortung

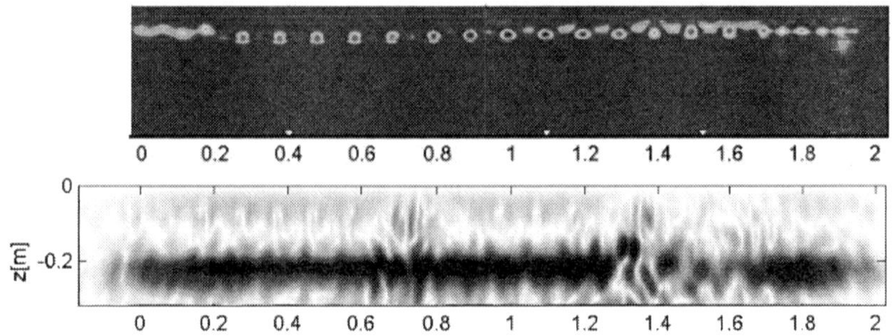

Abb. 4: exemplarische Radar- und Ultraschallmessspur aus Abb. 3 (Pfeil unterhalb der Auflagertasche)

Beide Messspuren zeigen keine Hinweise auf Zulagebewehrung, was aber keinen hinreichenden Nachweis für die Abwesenheit derselben darstellt. In der Regel werden Zulagen an bestehende Grundbewehrung angebunden, so dass Doppelstäbe entstehen, die im Radarbild nicht bis kaum von Einzelstäben zu unterscheiden sind. Rückschlüsse auf Stabdurchmesser sind per Radar ohnehin nicht möglich. Ultraschall hat seine Schwäche bei oberflächennaher Bewehrung, da naheliegende, deutlich stärkere Reflexionen (messseitig: Oberflächenwelle; rückseitig: starke Totalreflexion der Rückwand) die Anzeigen überlagern und deren Interpretierbarkeit erschweren können. So war hier mit den „herkömmlichen" ZfP-Verfahren (soweit man davon bereits sprechen mag) kein „gerichtsfester" Nachweis des Einbauzustandes möglich. Es musste geröntgt werden.

Die Einrichtung der Messtechnik entspricht jener in Abb. 1. Durchstrahlt wurde die Wand am Fußpunkt, an der die Zulagebewehrung in die Sohle einbinden musste. Dazu wurden mehrere Röntgenbilder aufgenommen, um einen Bereich von etwa 1,5 m Breite abzudecken (Abb. 5).

Abb. 5: Position der am Wandfuß aufgenommenen Röntgenbilder

Die zugehörigen Röntgenbilder sind in Abb. 6 dargestellt. Diese zeigen ausschließlich Stabstahl ähnlicher Durchmesser. Auf Zulagebewehrung hinweisende deutlich größere Durchmesser sind nicht erkennbar.

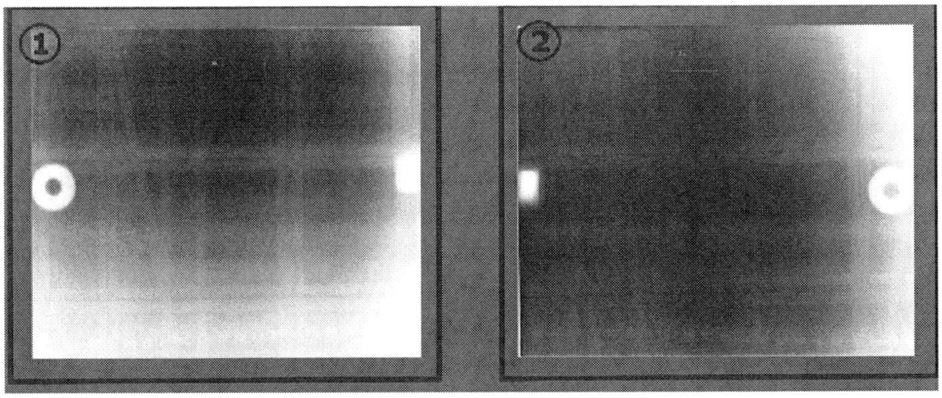

Abb. 6: Exemplarische Röntgenbilder (weiß: Positionsmarker)

Die vergrößerte Darstellung in Abb. 7 zeigt die auf dem Röntgenbild projizierten Maße. Mit der in Abb. 2 skizzierten Rückrechnung lassen sich die wahren Durchmesser bestimmen. Die detektorseitige Bewehrung ist hier geringfügig (ca. 5%), die strahlerseitige Bewehrung deutlich vergrößert abgebildet (ca. 25%), entsprechend der Abstandsverhältnisse zwischen Strahler, Objekt und Detektor.

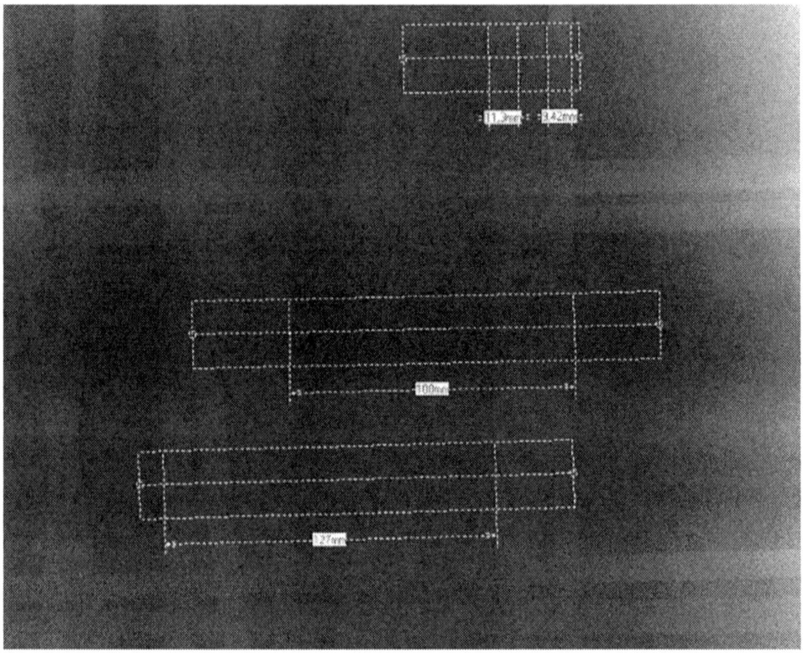

Abb. 7: Vermaßtes Röntgenbild, Ausschnitt aus Bild 2 in Abb. 6.

Die Stabdurchmesser der augenscheinlichen Mattenbewehrung betragen 9 mm, die Stababstände 15 cm, dies entspricht der planmäßigen Grundbewehrung einer Q636A-Matte. Bei den schräg verlaufenden Eisen im Bild handelt es sich um die typisch abgebogene Anschlussbewehrung aus der Sohle.

Da wie oben beschrieben im Durchstrahlungsbild der gesamte Wandquerschnitt abgelichtet und folglich alle vorhandenen Einbauteile bzw. Bewehrungsstäbe auch auf dem Röntgenbild sichtbar werden, sind diese Aufnahmen ein eindeutiger Nachweis dafür, dass die planmäßig vorgesehene Zulagebewehrung im untersuchten Bereich nicht vorhanden ist.

2.2 Praxisbeispiel Korrosionszustand

Bei dem vorangegangenen Beispiel war die Qualität der Röntgenbilder für die Zielerreichung der Aufgabenstellung ausreichend. Das Potential dieses Verfahrens bei der Untersuchung von Betonbauwerken reicht aber noch weiter. Nachfolgend wird das Ergebnis einer Machbarkeitsstudie zur Untersuchung von Bewehrungsgehalt und -zustand an Stützenfüßen einer Tiefgarage erläutert.

Das vorrangige Ziel war es, Eckeisen zerstörungsfrei auf Korrosionserscheinungen zu untersuchen. Wie zuvor die Wand waren die untersuchten Stützen 20 cm stark. Mit optimierten Belichtungsparametern und digitaler Nachbearbeitung konnten Bildqualität und damit Aussagefähigkeit der Bilder noch einmal deutlich verbessert werden. Als Studienobjekt diente eine Stützenecke mit bekannten Korrosionserscheinungen, die einige Zeit vor Durchführung der Messung bereits saniert wurde (Abb. 8).

Abb. 8: Korrodierende Stützeneckbewehrung vor Sanierung

Die Durchstrahlungsprüfung erfolgte nach Reprofilierung der Stütze. Abb. 9 zeigt den bauzeitlichen Bewehrungsplan mit Vertikaleisen Ø 16 mm in den Ecken sowie Bügelbewehrung Ø 8 mm, a = 19 cm mit Zulagen am Stützenfuß.

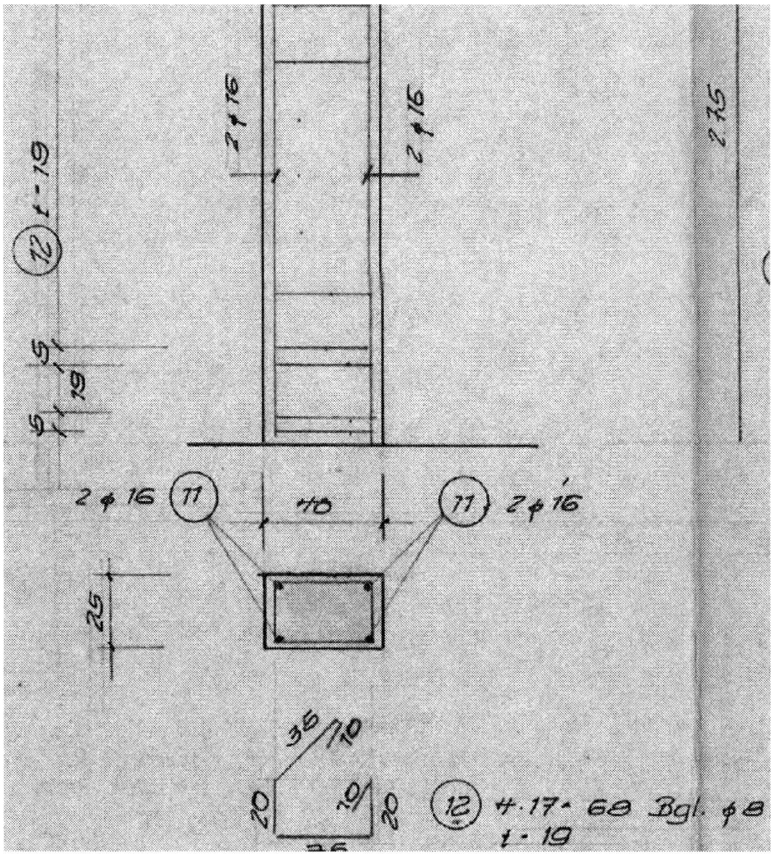

Abb. 9: Bewehrungsplan der durchstrahlten Stütze mit korrodiertem Eckeisen

Das Röntgenbild des Stützenfußes ist in Abb. 10 dargestellt. Aufgehende Bewehrung, teilweise mit deutlich erkennbaren Rippen, sowie die Anschlussbewehrung und Bügel sind eindeutig identifizier– und vermessbar: Die Vertikalbewehrung entspricht mit tatsächlichem Durchmesser von 16 mm den Bestandsplänen, die Bügelbewehrung nicht – vorhanden sind Bügel Ø 6 mm (bereits ohne Einmessung ist erkennbar, dass der Bügeldurchmesser kleiner ist als der halbe Durchmesser der aufgehenden Eisen), erkennbar als Doppelbügel, deren Gesamtquerschnitt damit etwa dem eines Einzelbügels Ø 8 mm entspricht. Allerdings sind hier ggf. eher die planmäßig mit Abstand von 5 cm vorhandenen Zulagen (vgl. Abb. 9) zusammengerutscht als dass Bügel Ø 8 mm absichtlich durch 2Ø 6 mm ersetzt worden wären.

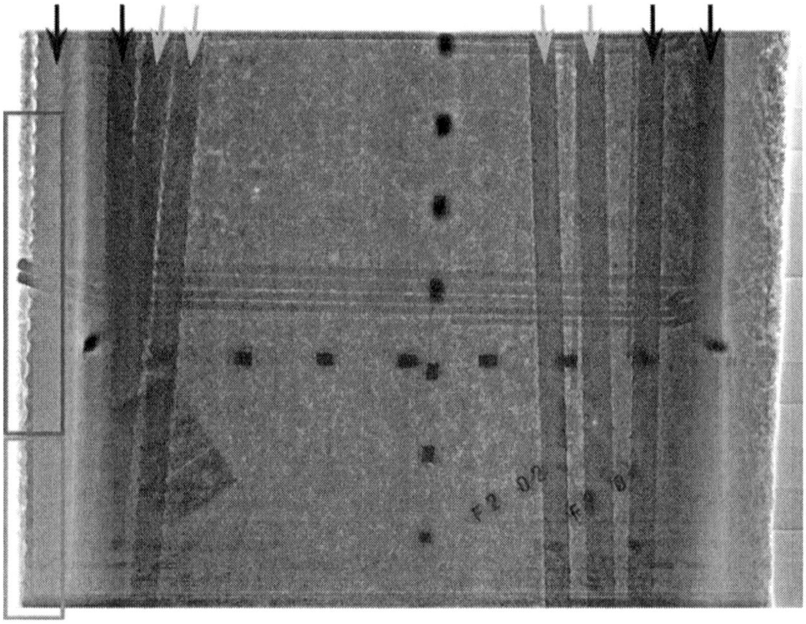

Abb. 10: Röntgenbild des Stützenfußes mit vergrößertem Ausschnitt. Erkennbar sind Stützenbewehrung (schwarze Pfeile), Anschlussbewehrung (graue Pfeiler) Bügel und Röntgenmarker (Bildbezeichnungen, Röntgenmaßband, Bildgüteprüfkörper)

Diese Zusatzinformationen zum Istzustand sind hier eher „Beifang" zum eigentlichen Untersuchungsziel: Der Identifizierbarkeit geringfügiger korrosionsbedingter Querschnittsschwächungen. Hier ist die Markierung in Abb. 10 zu beachten, die das schadhafte Eckeisen aus Abb. 8 zeigt. Der Bereich ist in Abb. 11 vergrößert dargestellt und der Aufnahme eines Eckeisens an einer augenscheinlich unbeschädigten Ecke einer anderen Stütze gegenübergestellt. Im grün markierten Bereich weisen die im Profil abgebildeten Rippen keine Auffälligkeiten auf, erst im orange markierten Bereich – an der die aus Abb. 8 bekannten Abrostungen vorhanden sind – werden die Rippen deutlich flacher und sind nahe des Fußpunktes annähernd vollständig abgerostet. Im Vergleich dazu ist entlang des Referenzeisens in Abb. 11 rechts keine Auffälligkeit an den Rippen vorhanden, die Profilierung ist über die gesamte Höhe gleichmäßig ausgeprägt.

Anhand dieser Erkenntnisse kann davon ausgegangen werden, dass es mittels Radiographie möglich ist, den Korrosionszustand von Eckbewehrung an Stützen und folglich auch sonstigen exponierten, schadensträchtigen Bauteilecken (Wandköpfe, Unterzüge) systematisch und vollkommen ohne Eingriff ins Bauteil festzustellen. Letzteres kann besonders bei hochbelasteten/rechnerisch überlasteten oder bereits erheblich geschädigten Stützen interessant sein, da auch der Zustand auf der Innenseite des Eckeisens und ggf. umgreifender Bügel bewertet werden kann.

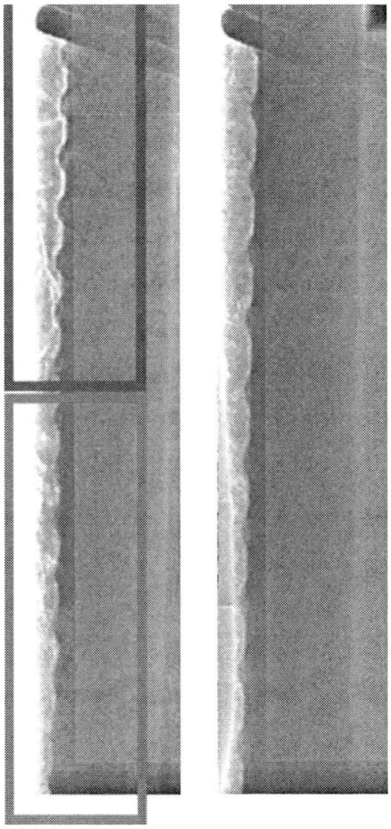

Abb. 11: Vergrößerung des geringfügig abgerosteten Eckeisens und Gegenüberstellung mit einem augenscheinlich schadfreien Eckeisen

2.3 Praxisbeispiel Schadfreies Bohren

Die exemplarische Messanordnung aus Abb. 1 stammt aus der Untersuchung von Halbfertigteilwänden/Elementwänden, die in Teilbereichen rechnerisch derart hoch ausgenutzt sind, dass für die technische Umrüstung des Gebäudes erforderliche Kernbohrungen kein statisch relevantes Anschlusseisen und keinen A-Bock-Gitterträger beschädigen durften. Hier gilt es dann, die relevante von der untergeordneten Bewehrung zu unterscheiden, was ohne Eingriff ins Bauteil nur durch Röntgen möglich ist, da sonstige zerstörungsfreie Methoden nah beisammen liegende Einzelstäbe nicht zuverlässig zu unterscheiden und Durchmesser nicht zu bestimmen vermögen.

Abb. 12 zeigt zwei exemplarische Röntgenbilder der durchstrahlten Elementwand. Bildkontrast und Detailerkennbarkeit sind hervorragend. Nicht nur können sämtliche Stabdurchmesser sicher festgestellt werden, auch A-Böcke, Abstandhalterräder aus Kunststoff, Lunker, selbst Bindedrähte mit Durchmessern von deutlich unter 2 mm sind zu erkennen. Die Kernbohrlagen konnten auf diese Weise mit maximaler Zuverlässigkeit und minimalen Sicherheitsabständen festgelegt werden.

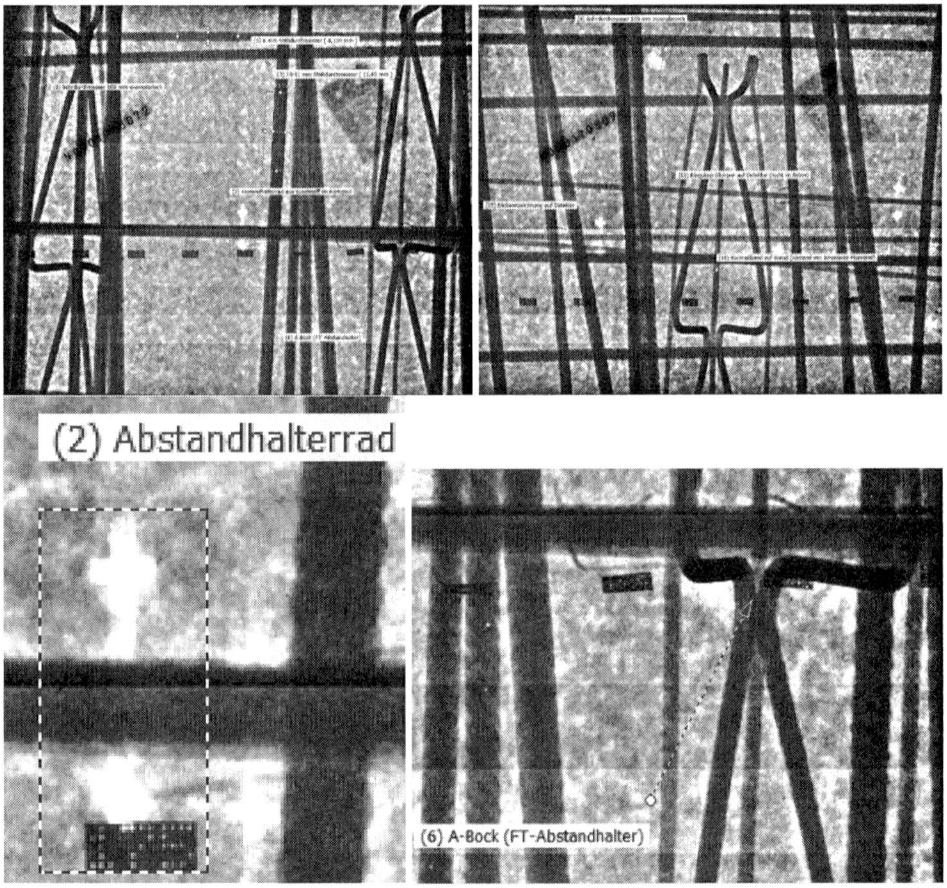

Abb. 12: Röntgenaufnahmen einer Elementwand mit Bestandteilen wie Bewehrung, Abstandhalter, Bindedrähte

3. Fazit

Die gezeigten Beispiele belegen den Erkenntnisgewinn durch den Einsatz der Radiographie an Betonbauwerken im Rahmen der Bauwerksdiagnostik. Viele weitere Untersuchungen an Stahl- und Spannbetonbauwerken zeigen weiteres Potential auf. So können per Radiographie beispielsweise auch Rissbilder untersucht, der Verpresszustand von Spanngliedern aussagesicher festgestellt oder denkmalgeschützte Bauwerke zerstörungsfrei untersucht werden.

Das Potential im Bestand ist also erheblich. Als Zukunftsziel im Sinne einer nachhaltigen Errichtung von Bauwerken ist es aber ebenso erstrebenswert, die Bauwerksdiagnostik, speziell die modernen Techniken und Methoden wie Radar, Ultraschall, Betondeckungsmessung und Radiographie, qualitätssichernd auch im Rahmen der Bauausführung und -abnahme einzusetzen. Die Kosten einer umfangreichen Begleitung und Abnahme zum Nachweis von Ausführungs- und Einbauzuständen *nach Fertigstellung der Betonierarbeiten* liegen mit Sicherheit unterhalb von einem Prozent der Gesamtprojektkosten – der Nutzen für Dauerhaftigkeit und Gebrauchstauglichkeit des Bauwerks über dessen Lebensdauer liegt bei einem Vielfachen davon.

Erwartungshaltung des Bauherren am Beispiel der Markierung von Spanngliedern

Michael Euler [1]
[1] Hessen Mobil Straßen- und Verkehrsmanagement, 65189 Wiesbaden
Kontakt E-Mail: michael.euler@mobil.hessen.de

Kurzfassung

Aus der Sicht und Verantwortung von Hessen Mobil, soll dargestellt werden, welche Anforderungen an den Auftragnehmer bei der Sanierung eines Bauwerkes gestellt werden sollten. In wessen Verantwortung die auszuführenden Arbeiten am Bauwerk liegen, so dass eine fachgerechte Sanierung durchgeführt werden kann, um diese an den Auftragnehmer ohne Mängel zurückgeben zu können. Nachhaltigkeit der Sanierung sowie möglichst geringe Beeinträchtigung für den Verkehr, durch die Sanierung, sollten von hoher Priorität sein.

Schadensfall A 66 Salzbachtalbrücke

Der AN hatte ohne Freigabe durch Hessen Mobil die Bohrungen an den Längsträgern für die Montage des Baubehelfs (Kranbahnen) begonnen. Gegen Ende 2018 hat Hessen Mobil die Dokumentation der korrekten Ausführung der Bohrungen verlangt. Der AN hat diese Unterlagen jedoch nicht vorgelegt, deshalb wurde schlussendlich und auf beharrlichen Nachdruck durch Hessen Mobil die stichprobenartige Überprüfung der Ausführung angeordnet.

Offensichtlich wurde im Vorfeld die Ortung und Markierung der Spannglieder durch einen Subunternehmer durchgeführt. Anschließend wurden die Bohrungen durch die zuständige Baufirma ausgeführt.

Die Bohrungen wurden ohne Abschaltautomatik durchgeführt und dies offensichtlich genau im Verlauf der markierten Spannglieder. Mit Spezialbohrer wurden die Bohrungen ausgeführt, hierdurch drangen diese leicht durch den Stahl. Dabei kamen erhebliche Schäden zum Vorschein.

Gefügeforensik – ZfP-Verfahren am Bauwerk

Dipl.-Ing. Torsten Harke, M.Sc. [1]; Chris Voigt, M. Eng. [1]
[1] MKP GmbH, Weimar

Kontakt E-Mail: torsten.harke@marxkrontal.com

Kurzfassung. Das Wort Forensik ist in seiner Herkunft und Bedeutung leider sehr negativ geprägt. Forensik ist ein Sammelbegriff für wissenschaftliche und technische Arbeitsgebiete, in denen kriminelle Handlungen systematisch untersucht werden. In der modernen Verwendung des Wortes forensisch wird dies als eine Form der juristischen Beweisführung und als eine Kategorie der öffentlichen Präsentation verwendet. Ersetzt man „kriminelle Handlungen" durch Bauwerke bzw. Baumängel und entfernt man das Wort „juristisch", so entsteht ein Kontext, der die Arbeitsweise und Methoden der Bauwerksdiagnostik bestens wiedergibt.

Der Zeitpunkt, an dem eine Bauwerksdiagnostik gefordert wird, ist oftmals das Auftreten sichtbarer Schadensbilder. Zu diesem Zeitpunkt sind dies bereits Resultate von mehreren Ursachen und zum Teil komplexen Schadensabfolgen. Dabei liegen sichtbarer Schaden und Ursache nicht immer in unmittelbarer Nähe. Auch ist der sichtbare Schaden nur der kleinste Teil eines größeren Schadensausmaßes.

Grundlage zur Ermittlung der tatsächlichen Schadensursachen ist eine systematische Untersuchung. Diese beginnt mit einer, sehr oft vernachlässigten, visuellen Inspektion der Gesamtkonstruktion und der Bestandspläne. Die daraufhin abgeleiteten Schadenshypothesen werden zielgerichtet mit den anwendbaren zerstörungsfreien Prüfverfahren systematisch untersucht, gefolgt von minimalinvasiven zerstörungsarmen Untersuchungen zur Verifizierung und Kalibrierung der ZfP-Daten. Am Ende erhält man eine Beweiskette von der eigentlichen Schadensursache bis hin zum sichtbaren Schaden und deckt das gesamte Schadensausmaß auf.

Anhand von aktuellen Beispielen werden der Ablauf und die Bedeutung derart systematischer Untersuchungen unter Zuhilfenahme von ZfP-Verfahren verdeutlicht.

1. Einführung

Für die bauwerksdiagnostische Erkundung und Forensik sind eine Vielzahl von Untersuchungsverfahren erforderlich. Insbesondere im letzten Jahrzehnt haben sich hierfür zerstörungsfreie Prüfverfahren im Bauwesen etabliert. Diese sind nicht mehr nur bei wissenschaftlichen Einrichtungen und Prüfinstituten im Labor anzufinden. Die größere Akzeptanz in der Fachwelt sorgt dafür, dass die Industrie Untersuchungstechnik auch für den Baustelleneinsatz anbietet.

Der Zeitpunkt, an dem eine Bauwerksdiagnostik gefordert wird, ist oftmals das Auftreten sichtbarer Schadensbilder. Zu diesem Zeitpunkt sind dies bereits Resultate von mehreren Ursachen und zum Teil komplexen Schadensabfolgen. Dabei liegen sichtbarer Schaden und Ursache nicht immer in unmittelbarer Nähe. Auch ist der sichtbare Schaden nur der kleinste Teil eines größeren Schadensausmaßes.

Grundlage zur Ermittlung der tatsächlichen Schadensursachen ist eine systematische Untersuchung und Methodik. Diese beginnt mit einer, sehr oft vernachlässigten, visuellen Inspektion der Gesamtkonstruktion und der Bestandspläne. Die daraufhin abgeleiteten Schadenshypothesen werden zielgerichtet mit den anwendbaren zerstörungsfreien Prüfverfahren systematisch untersucht, gefolgt von minimalinvasiven zerstörungsarmen Untersuchungen zur Verifizierung und Kalibrierung der ZfP-Daten. Am Ende erhält man eine Beweiskette von der eigentlichen Schadensursache bis hin zum sichtbaren Schaden und deckt das gesamte Schadensausmaß auf.
Anhand von aktuellen Beispielen werden der Ablauf und die Bedeutung derart systematischer Untersuchungen unter Zuhilfenahme von ZfP-Verfahren verdeutlicht.

2. Methodik der Bauwerksdiagnostik

Um das gesamte Potential der Bauwerksdiagnostik ausschöpfen zu können, bedarf es einer Methodik, die darauf ausgerichtet ist, dem Kunden (Fachplaner, Tragwerksplaner, Anlagenverantwortlicher, etc.) genau die Zuarbeit zu liefern, die er für seine eigenen Planungen benötigt. Die Bauwerksdiagnostik fügt sich immer in Planungs- und Entscheidungsprozesse ein. Diese Vernetztheit erfordert einen intensiven Austausch zwischen den Akteuren. Dieser beginnt bestenfalls mit der Erstellung einer Aufgabenstellung für die Bauwerksdiagnostik. Der Fachplaner hält hierin seinen Informationsbedarf fest. Die Planungsziele sind zu erläutern, damit der Bauwerksdiagnostiker stets planungsorientiert denken und handeln kann. Weiterhin ist der Informationsbedarf zu erläutern, der übergeordnet für das Bauwerk oder für einzelne Bauwerks- bzw. Bauteile besteht. Übersichtspläne zum Bauwerk sind ebenso hilfreich wie Planeinzeichnungen, welche die Aufgabenstellung qualifizieren. Es ist meist erforderlich, dass die Bauwerksdiagnostik als stufenweiser Prozess ausgeführt wird. Dieser beginnt mit der Sichtung der Bestandsunterlagen, einer oftmals hilfreichen Vor-Ort-Begehung des Bauwerks und der Erstellung einer Untersuchungsplanung. In einer ersten Stufe kann es erforderlich sein das Bauwerk zunächst stichprobenhaft zu untersuchen, um einen ersten orientierenden Eindruck von der Konstruktion und deren Zustand zu erhalten. Dies ist insbesondere dann zielführend, wenn zum Bauwerk keine Bestandsunterlagen vorliegen oder der Erfolg der Untersuchungsmethoden aufgrund unbestimmbarer Randbedingungen nicht genau abschätzbar ist. Entsprechend den Ergebnissen aus der ersten Untersuchungsstufe kann sich ein neuer oder geänderter Untersuchungsbedarf ergeben, der in weiteren Untersuchungsstufen gedeckt werden kann.
Wesentliche Grundlage der Untersuchungen ist die Untersuchungsplanung. Darin werden die Ergebnisse aus der Sichtung der Bestandsunterlagen festgehalten. Die Sichtung erfolgt zielgerichtet entsprechend der Aufgabenstellung des Fachplaners. Oftmals wird der Einfachheit halber auf eine intensive Aktenrecherche verzichtet. Dieser Verzicht erweist sich zumeist als sehr unwirtschaftlich, da Informationen, die aus den Bestandsunterlagen hervorgegangen wären, mit viel Aufwand am Bauwerk neu gewonnen werden. Die Untersuchungsplanung wird durch die Feststellungen ergänzt, die während der Vor-Ort-Begehung durch den Aufsteller der Untersuchungsplanung gewonnen wurden. Aus dem Informationsbedarf entsprechend der Aufgabenstellung und den gewonnenen Informationen aus den Bestandsunterlagen und der Begehung leitet sich ein Defizit ab, für das konkrete Untersuchungsziele definiert werden. Ein Untersuchungsziel beschreibt beispielsweise, dass für ein Hauptbauteil die geometrischen Abmessungen, die Lage der Bewehrung und die Betonfestigkeit für eine Nachrechnung zu bestimmen sind. Im Idealfall übergibt der Fachplaner bereits solch konkrete Untersuchungsziele. Andernfalls werden sie mit dem Fachplaner abgestimmt oder gemeinsam entwickelt. Ein Untersuchungsziel kann mit dem

Einsatz unterschiedlicher Untersuchungsverfahren erreicht werden. So kann die Betondruckfestigkeit zerstörungsfrei mit einem Rückprallhammer oder zerstörungsarm durch Probenentnahme ermittelt werden. Die Wahl des konkreten Untersuchungsverfahrens wird unter Abwägung der Randbedingungen (erforderliche Aussagegenauigkeit, Zugänglichkeit am Bauteil, Aufwand-Nutzen-Verhältnis, etc.) in der Untersuchungsplanung dokumentiert [3]. Insbesondere die Kombination aus zerstörungsfreien (ZfP-Bau) und zerstörungsarmen Prüfverfahren kann zu wirtschaftlichen Untersuchungen führen, da mittels ZfP ein Überblick über größere Bereiche gewonnen werden kann und darauf aufbauend gezielt in bestimmten Bereichen minimalinvasive Beprobungen durchgeführt werden. In der Untersuchungsplanung werden zusammenfassend Art, Lage und Anzahl der Untersuchungen festgelegt, sodass diese Informationen auch die Grundlage für eine Ausschreibung der Vor-Ort-Untersuchungen bilden können. Darüber hinaus gibt das Dokument Hinweise zu Randbedingungen der Untersuchungen, wie beispielsweise der Zugänglichkeit zum Bauwerk, dem Vorhandensein von Strom und Wasser oder erforderlichen arbeitsschutzrechtlichen Aspekten. Der Aufsteller der Untersuchungsplanung benötigt ein breites Wissens- und Erfahrungsspektrum. Kenntnisse über historische Konstruktionen, Bauweisen und Materialien sind ebenso erforderlich wie das Wissen über material- und lastbedingte Schädigungsmechanismen. Weiterhin sind umfangreiche Kenntnisse über mögliche Untersuchungsverfahren, deren Wirkungsweise, Aussagegenauigkeit und den Grenzen insbesondere der zerstörungsfreien Verfahren erforderlich.

Die Vor-Ort-Untersuchungen sind nicht ausschließlich als gewerbliche Leistungen zu verstehen. Eine ingenieurtechnische Begleitung der Untersuchungen ist erforderlich, um die konkrete Lage der Untersuchungsbereiche objektorientiert festzulegen und damit auch auf auftretende Besonderheiten reagieren zu können, die eine Anpassung der ursprünglichen Untersuchungsplanung erfordern. Die während der Untersuchungen anfallenden Daten und Informationen sind äußerst heterogen. Alle Untersuchungsergebnisse sind strukturiert zu dokumentieren, um eine Nachvollziehbarkeit der Ergebnisse zu ermöglichen.

Die Dokumentation der Ergebnisse erfolgt zumeist untersuchungsbereichsbezogen. Hierfür können Datenblätter mit einer reinen Ergebnisdarstellung dienen. Jeder Untersuchungsbereich ist dabei in einem dreidimensionalen Modell oder in zweidimensionalen Plänen zu verorten. Eine Zusammenfassung wesentlicher Ergebnisse in tabellarischer Form gibt dem auswertenden Ingenieur einen schnellen Überblick über alle gewonnenen Daten. Die Auswertung der Ergebnisse erfolgt zumeist auf statistischer Grundlage (bspw. 5%-Quantil der Betondeckung) oder im Vergleich mit Achtungs- und Grenzwerten. Dies wird insbesondere im Bestandsbau nur zum Teil durch Normen erfasst. Mit den Untersuchungsergebnissen und der daraus abgeleiteten Bewertung sind auch eine Zusammenfassung der Aufgabenstellung zu übergeben und die eingesetzten Untersuchungsverfahren zu nennen. Dies ermöglicht es bei zukünftigen Fragestellungen zum Bestandsobjekt auf die Untersuchungskampagne zurückzugreifen und die Ergebnisse in den jeweiligen Kontext der damals gültigen Aufgabenstellung zu stellen.

3. Praxisbeispiele für erfolgreiche Forensikarbeit im Bestand

3.1. Komplexe Schadensursachen an einer Spannbetonbrücke

Das untersuchte Bauwerk besteht aus mehreren ein – und zweifeldrigen Überbauten. Der Anlass der Untersuchungen waren diverse Schadensbilder, welche in Teilen auf eine Alkali-Kieselsäure-Reaktion (AKR) hindeuteten, aber nicht eindeutig waren. Entsprechend der zuvor beschriebenen Vorgehensweise wurde als erstes eine Anamnese erstellt. Die Bestandsunterlagen wurden hinsichtlich widersprüchlicher Angaben und konstruktiver

Schwachstellen und Besonderheiten ausgewertet. Eine erste Vor-Ort-Besichtigung ergab weitere Kenntnisse zum Zustand der Bauwerke.

Abb. 1 Ansicht der Überbauten des untersuchten Bauwerkes. Quelle: MKP GmbH

Durch einen Abgleich der Schadensbilder mit den jeweils möglichen Schadensursachen sowie der möglichen Schadensentwicklung, wurde eine Untersuchungsplanung erstellt. Neben klassischen Untersuchungen wie Schürfen etc. wurde eine Kombination aus Radar und Ultraschall zur vertieften Untersuchung gewählt.

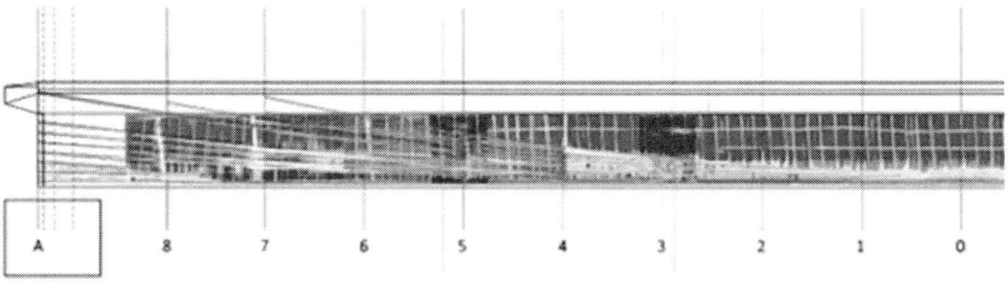

Abb. 2 Ansicht der flächigen Radaraufnahmen (grau) und der teilflächigen Ultraschallmessungen (farbig) am Brückensteg. Quelle: MKP GmbH

Mit Hilfe des Radars wurden flächig Aufnahmen erstellt, welche die Lage der Spannglieder und Bewehrungen nachweisen und zudem Anhaltspunkte für weitere Störungen und Auffälligkeiten im Betongefüge gaben. Es zeigte sich, dass die Spannglieder- und Bewehrungslagen laut Plan hergestellt wurden. Das Betongefüge wies aber vorwiegend im Bereich der Spanngliedlagen größere Auffälligkeiten/Störungen auf. An diesen Bereichen wurden gezielt flächige Ultraschallaufnahmen durchgeführt, um diese Anomalitäten näher zu differenzieren.

Abb. 3 Ultraschall-B-Bilder an einer auffälligen Stelle des Brückenquerschnitts. Quelle: MKP GmbH

Abb. 4 Detailaufnahme des Hüllrohres im Tiefpunkt mit Korrosionslöchern. Quelle: MKP GmbH

Die Ultraschallaufnahmen zeigten an den definierten Stellen ein ausgeprägt gestörtes Betongefüge. Eine gezielte Sondierungsöffnung belegte Korrosionsschäden in Form von Löchern in den Hüllrohren und davon ausgehend mehrere Rissverläufe im Beton.
Unter Zusammentragung aller Erkenntnisse aus Anamnese, visueller Aufnahme, zerstörungsfreien und zerstörungsarmen Untersuchungen sowie Laborergebnissen zum Beton konnten die Schadensursache und deren Ausmaß spezifiziert werden.
Über konstruktive Schwachstellen sowie Schäden an Abdichtungen kam es zu langandauernden Wasserzutritten mit der Folge, dass Wasser in die Spanngliedhüllrohre eindringen konnte und an den Tiefpunkten über die Korrosionsschäden am Hüllrohr wieder austrat. Mit dem Wasseraustritt wurde ein höherer Alkalianteil aus dem Verpressmörtel ausgespült und an die reaktive Gesteinskörnung des Betons getragen, was wiederum zu einer Verstärkung der AKR und der Intensivierung der Rissbildung in diesem Bereich führte.

3.2. Gefügeuntersuchungen an Natursteinmauerwerk

Für Umbau- und Sanierungsplanungen in einer frühbarocken Schlossanlage musste eine Nachrechnung für diverse Gebäudeteile durchgeführt werden. Hiervon war auch ein im Grundriss ca. 25 x 25 m großer, aus Natursteinmauerwerk hergestellter Turm betroffen. Die Holzbalkendecken des Turms tragen die Lasten über die Außenwände und Stützen bis in das Kellergeschoss ab. Dort konzentrieren sich die Lasten auf massive ca. 2 x 2 m große Stützen. Statisch konnten diese Stützen aus Sandsteinmauerwerk nicht nachgewiesen werden. Eine große rechnerische Überlastung war der Anlass, bauwerksdiagnostische Untersuchungen durchzuführen.

Abb. 5 Ansicht eines untersuchten Mauerwerkspfeilers aus Sandstein. Quelle: MKP GmbH

Der Zustand der Pfeiler wurde in einer ersten Untersuchungsstufe durch eine visuelle Begutachtung der freigelegten äußeren Mauerwerksstruktur erfasst. Hierbei wurden markante Rissbildungen dokumentiert, welche die Rechenannahmen augenscheinlich bestätigten. Zur Erkundung des inneren Mauerwerksgefüges und um die vorgeschädigten Pfeiler nicht übermäßig im Querschnitt zu schwächen, wurden in einer weiteren Untersuchungsstufe vorwiegend zerstörungsfreie Untersuchungen vorgesehen. Mittels Georadars wurden alle frei zugänglichen Pfeileraußenseiten flächig in einem kleinteiligen Raster gescannt und die Messspuren von einem Bezugspunkt (Koordinatenursprung) ausgehend eingemessen. Durch die physikalischen Eigenschaften des elektromagnetischen Signals können aus der Signalauswertung Rückschlüsse auf Unregelmäßigkeiten im Gefüge (Schichtgrenze Mauerwerk zu Luft) gezogen werden. Die einzelnen Scans wurden für jede einzelne Pfeilerfläche in der Nachbearbeitung zu einem Flächenscan verrechnet und die erkundeten Auffälligkeiten dreidimensional modelliert. Das dreidimensionale Modell mit Darstellung der potenziellen Gefügestörungen bildete die Grundlage für die Festlegung konkreter Untersuchungsstellen für validierende zerstörungsarme Untersuchungen. In einzelnen Bereichen wurden Sondierungsbohrungen im Durchmesser von 25 mm durchgeführt und mit einem Videoendoskop befahren. Die Erkundungsergebnisse wurden in Sondierungsprofilen dokumentiert. Durch die zusätzliche Integration der Sondierungsergebnisse in das dreidimensionale Modell gelang eine anschauliche Zuordnung der Auffälligkeiten in den ZfP-Daten zu den tatsächlichen Schäden.

Abb. 6 Darstellung der Radarergebnisse als Volumenkörper im dreidimensionalen Modell eines Mauerwerkspfeilers. Quelle: MKP GmbH

Im Ergebnis konnte festgestellt werden, dass das äußerlich homogen wirkende Schichtenmauerwerk aus Naturstein im Inneren als sehr inhomogenes Bruchsteinmauerwerk ausgebildet war, welches zusätzlich diverse Fehlstellen in Form von Hohlräumen, Mörtelfehlstellen und weiteren Rissen aufwies. Auf Grundlage dieser Ergebnisse, die den äußeren Eindruck bestätigten, wurden durch die Tragwerksplaner umfassende Sicherungsmaßnahmen veranlasst.

3.3. Qualitätsüberprüfung im Neubau

Neben dem Einsatz der ZfP-Verfahren an Bestandsbrücken tragen diese auch zur Qualitätsprüfung an Neubauten bei. Neben den klassischen Betondeckungsmessungen zur Überprüfung der Einhaltung der geforderten Mindestüberdeckung können auch die Ausführungsqualitäten der Betonage überprüft werden.

Abb. 7 Ansicht Untersuchungsbereich der WiB -Brücke. Quelle: MKP GmbH

Bei diesem Beispiel handelt es sich um eine Walzträger-im-Beton-Brücke (WiB-Brücke). Das Untersuchungsziel war die Überprüfung der Qualität der Betonage unmittelbar unter den Walzträgern, da hier eine hohe Wahrscheinlichkeit bestand, dass sich an dieser Stelle Hohlräume bzw. Kiesnester bei der Betonage bildeten. Wie auch bei den Bestandsbrücken ist im Vorfeld eine Auseinandersetzung mit der Planung und Konstruktion erforderlich, um geeignete Untersuchungsmethoden auszuwählen. Mit dem Untersuchungsziel, Fehlstellen zu erkunden und unter Beachtung der Bauteilstärke von 20-50 cm, dem hohen Bewehrungsgrad und des recht jungen Alters des Betons kamen Ultraschallmessungen in Frage.

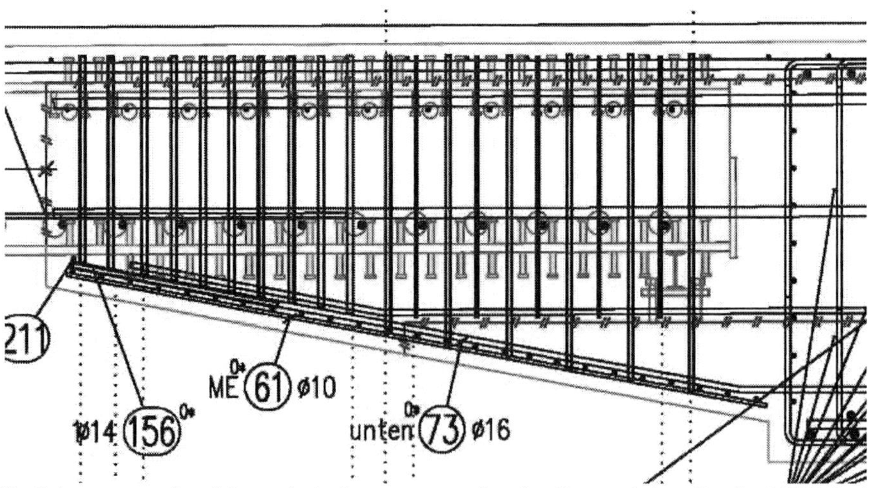

Abb. 8 Auszug aus dem Längsschnitt der zu untersuchenden Konstruktion. Quelle: MKP GmbH

Die Messungen wurden stichprobenartig in Teilflächen durchgeführt. Die Messdaten wurden ähnlich der Erkundung von Verpressfehlern in zwei Stufen ausgewertet. In der ersten Stufe wurden die Amplitudenstärken betrachtet, da diese einen ersten Verdacht auf Lufteinschlüsse geben können. Da aber unter bestimmten Voraussetzungen auch die anderen Einbauteile zu hohen Amplituden führen können, wurde im zweiten Schritt eine Phasenauswertung der Ultraschallsignale durchgeführt. Mit diesem Vorgehen konnten mehre Flächen identifiziert werden, welche ein Verdachtsmoment für Fehlstellen aufwiesen.

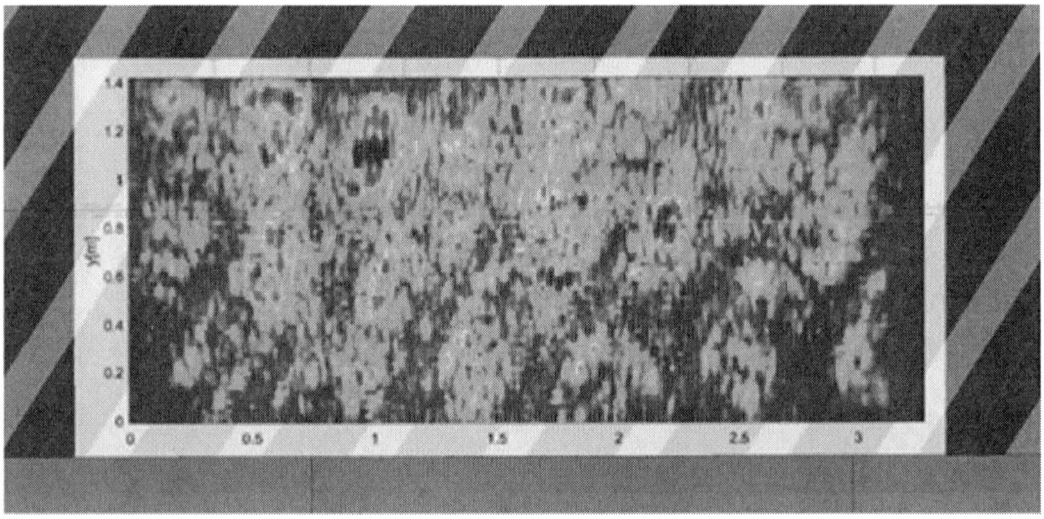

Abb. 9 Auszug aus dem 3D-Modell, Ansicht der Ultraschall-Untersuchungsfläche. C-Bild Amplitudendarstellung, rote Bereiche mit hohen Amplituden und entsprechenden Verdachtsmomenten für Fehlstellen. Quelle: MKP GmbH

Zur Validierung der Verdachtsmomente wurden an einer markanten Stelle Spiralbohrungen mit einem Durchmesser von 10 mm eingebracht und endoskopisch untersucht. Dabei wurde ein Hohlraum unter dem Walzträgerflansch mit einer Stärke von 0,5-1 cm angetroffen und der Verdacht aus den zerstörungsfreien Messungen zweifelsfrei bestätigt.

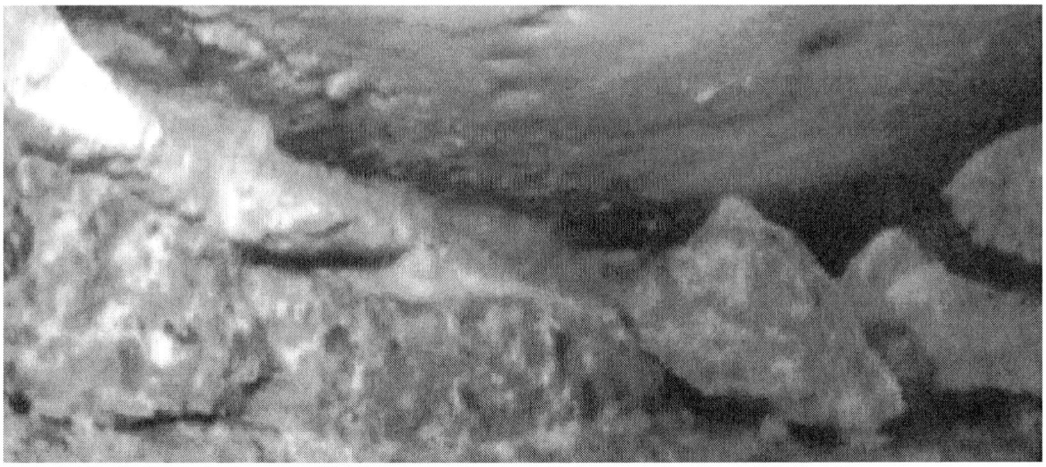

Abb. 10 Endoskopaufnahme des Hohlraumes unter dem Walzträger. Quelle: MKP GmbH

In den erkundeten Bereichen wurde eine Probeverpressung der Fehlstellen durchgeführt. Mittels der zuvor gewonnenen Daten und einer Ultraschallmessung nach dem Verpressen konnte auch der Verpresserfolg bestätigt bzw. überprüft werden.

Referenzen

[1] Bundesanstalt für Straßenwesen (2022) Rückbau von Brücken – Erfahrungssammlung – Dokumentation 2021
[2] Bundesministerium für Digitales und Verkehr (2020) Leitfaden zur Prüfung von Instandsetzungs- und Ertüchtigungsmaßnahmen an Ingenieurbauwerken (Abgrenzung Ersatzneubau) – LPI-ING
[3] Bundesministerium für Verkehr, Bau und Stadtentwicklung (2007) Richtlinie für die Erhaltung von Ingenieurbauwerken – RI-ERH-ING – Leitfaden Objektbezogene Schadensanalyse, OSA
[4] Deutscher Beton- und Bautechnikverein e. V. (2014) Anwendung zerstörungsfreier Prüfverfahren im Bauwesen – Non-Destructive Testing Methods in Civil Engineering. Eigenverlag, Berlin.
[5] Deutsche Gesellschaft für zerstörungsfreie Prüfung e.V. Merkblätter B-Reihe DGZfP, Berlin.

AUTHOR INDEX

Deutsche Gesellschaft Fuer Zerstoerungsfreie Pruefung (DGZfP)
Max-Planck-Str. 6
12489 Berlin
Germany

ISBN 979-8-3313-1284-8

CURRAN ASSOCIATES INC.
proceedings.com

6th Triennial Symposium on the Acoustics of Poro-Elastic Materials (SAPEM 2020+1)

Held online due to COVID-19

Lafayette, Indiana, USA
29 March - 2 April 2021